U0204489

汪诘

汪诘 著 庞坤 绘

少儿科学思维

培养书系

如果你跑得和光一样快

RUGUO NI PAODE HE GUANG YIYANG KUAI

接力出版社
Publishing House

图书在版编目（CIP）数据

如果你跑得和光一样快 / 汪诘著；庞坤绘．—南宁：接力出版社，2019.8
（汪诘少儿科学思维培养书系）
ISBN 978-7-5448-6144-1

Ⅰ．①如…　Ⅱ．①汪… ②庞…　Ⅲ．①相对论－少儿读物　Ⅳ．① O412.1-49

中国版本图书馆 CIP 数据核字（2019）第 138173 号

责任编辑：刘佳娣　装帧设计：许继云

责任校对：张琦锋　责任监印：刘　冬

社长：黄　俭　总编辑：白　冰

出版发行：接力出版社　社址：广西南宁市园湖南路 9 号　邮编：530022

电话：010 - 65546561（发行部）　传真：010 - 65545210（发行部）

http：//www.jielibj.com　E - mail：jieli@jielibook.com

经销：新华书店　印制：北京盛通印刷股份有限公司

开本：710 毫米 × 1000 毫米　1/16　印张：10.25　字数：150 千字

版次：2019 年 8 月第 1 版　印次：2019 年 8 月第 1 次印刷

印数：00 001—15 000 册　定价：48.00 元

目录

第3章 跟着“旅行者号”和“新视野号”遨游太阳系

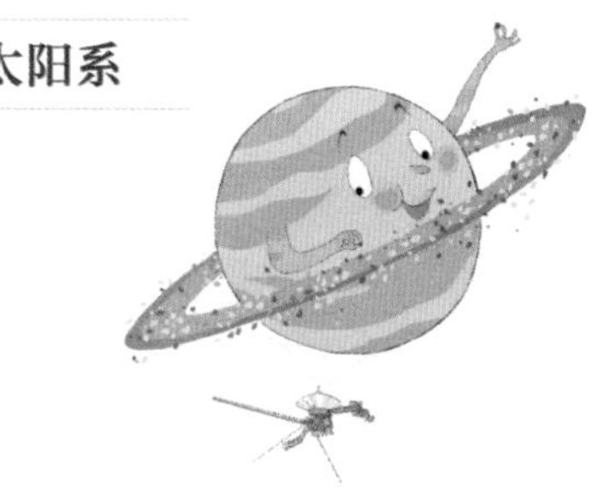

第4章 万有引力和引力弹弓效应

第5章 一对双胞胎引发的宇宙谜案

第6章 黑洞、白洞和虫洞

第7章 宇宙大爆炸和引力波

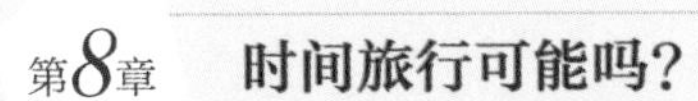

第8章 时间旅行可能吗？

第9章　暗物质和暗能量

第10章　令人惊叹的宇宙

自序

这两年，每当我做完以亲子家庭为对象的科普讲座后，向我提问频率最高的一个问题（没有之一）是：汪老师，能不能给我家孩子推荐几本科普好书？说句真心话，每当这个时候，我总是会有点尴尬。因为，我无法脱口而出，热情地推荐某一本书。我小时候看过的所谓科普书，今天回想起来，其实大多数是“飞碟是外星人的飞船”“金字塔的神秘力量”等所谓的“世界未解之谜”。这些书在今天看来，大多是伪科学丛书，毫无科学精神可言。我自己有了分辨科普书的能力时，已经快三十岁了，自然也就不会再看面向青少年的科普书籍。后来，随着女儿渐渐长大，我开始为她挑选科普书籍。我这才发现，要找一本让我完全满意的儿童科普书，竟然那么难。虽然市面上也有《科学家故事100个》《十万个为什么》《昆虫记》《万物简史（少儿彩绘版）》等优秀的作品，但我希望自己的孩子阅读科普书不仅能掌握科学知识，还能领悟科学思维。一个人的科学素养是由科学知识和科学思维共同组成的，两者相辅相成，缺一不可。所以，只有两者均衡发展，才能最大化地提升一个人的科学素养。

也就是说，科学知识要学，但不能只学科学知识；科学家的故事要看，但不能只看科学家的故事。

比科学故事更重要的是科学思维。

所以，我想写一套启发孩子科学思维的丛书，为我国的儿童科普书库做一些有益的补充。我的这个想法得到了接力出版社的大力支持，尤其是在编辑刘佳娣老师的全情投入下，才有了你们今天看到的这套丛书。

给孩子讲科学思维远比给成人讲困难，因为科学思维的总纲是逻辑和实证，这是比较抽象的概念。因此，要让孩子能够理解抽象的概念，就必须把它们和具体的科学知识、科学故事结合起来讲，不能是干巴巴的说教。所以，给青少年看的科普书，"好看"是第一位的。丢掉了这个前提，其他都是空谈。

在这套丛书中，我会用通俗的语言、生动的故事来解答小朋友最好奇的那些问题。例如：时间旅行有可能实现吗？黑洞、白洞、虫洞是怎么回事？光到底是什么东西？量子通信速度可以超光速吗？宇宙有多大？宇宙的外面还有宇宙吗？……我除了要解答孩子的十万个为什么，更重要的是教孩子像科学家一样思考。

科学启蒙，从这里开始。

扫码观看
本章视频

第 *1* 章

不可思议的光速

伽利略测量光速

光，是我们这个宇宙中最常见但又最神秘的自然现象，直到今天，我们也依然不敢说完全了解光。

在我们的世界中，光无处不在。人类也无法想象，一个没有光明的世界将会是什么样。

在漆黑的房间里面划燃火柴的一刹那，光完成了传播

在人类漫长的历史中，大家一度认为光线的传播是不需要任何时间的，也就是说，光的传播速度无限大。这非常符合我们的常识。你在漆黑的房间里面划燃一根火柴，火柴的亮光发出的那一刹那，整个房间就被照亮了，谁也没有看到过自己的手先亮起来，然后是自己的脚再亮起来，再看到房间的墙壁慢慢显现在黑暗中。当太阳从山

后升起来的那一刹那，地面上所有的东西都同时披上了金色的外衣，谁也没有看到过阳光像箭一样朝我们射过来。

但是，400 多年前，有一位意大利科学家，他叫伽利略，他就不相信光的传播不需要时间。伽利略猜想，我们感觉不到光的速度，肯定是因为它跑得实在是太快了。

伽利略·伽利雷（Galileo Galilei，1564—1642），意大利著名数学家、物理学家、天文学家和哲学家，近代实验科学的先驱

伽利略为什么能成为世界历史上最伟大的科学家之一呢？一个最重要的原因就是他不仅仅是想想而已。每当有了一个猜想，伽利略总是会想尽办法用实验来证明自己的猜想。你也想当科学家吗？

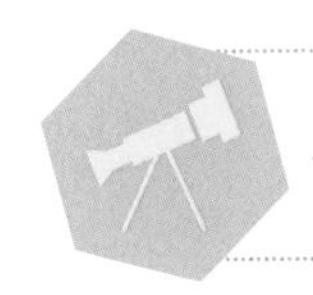

记住，要当科学家，先把自己装扮成一个“实验党”，就像伽利略那样。

那么，伽利略是怎么做实验来证明光的速度有限的呢？

在一个月黑风高的夜晚，伽利略一行四人，分成两组，爬到了两座相距很远的高山顶上。他们每一组人手里都拿着一盏煤油灯和一个钟摆计时器。可怜的古人啊，那时候还没有发明手电筒和电子表，能发出光亮的东西通常只有火把和煤油灯。

伽利略在煤油灯的外面又套了一个罩子，这个罩子一拉开，光就照射

伽利略在煤油灯外面套个罩子，做了一个简陋的“手电筒”

出来了，一关上，光就灭了，好歹算是做出了一个简陋的手电筒。少年，如果你穿越回去，送他一支激光笔，伽利略一定特别感激你。

伽利略的智慧是过人的，他其实很清楚，由于光速太快，要想靠这么简陋的装置测量光速极为困难，但是他想到了用统计学的方法来消除误差。他很清楚，他们在打开、关闭煤油灯的过程中，必然会有很多来自方方面面的误差，要消除这些误差，可以重复做大量的实验，然后取平均值。重复的次数越多，越能够接近真实数值。

想想吧，就在那样一个漆黑的夜晚，74 岁的伽利略老先生和他的伙伴们在相距很远的两座高山上，不断地打开、关上煤油灯，试图记下光传播所需要的时间。这是一幅多么励志的画面啊！

然而伽利略失败了，想要用这种办法测量光速，就好像给你一条裁缝用的皮尺，让你量一下头发丝有多粗，这几乎是做不到的，因为头发丝太细，尺子上的刻度太大了。

实验想要成功，光有蛮力是不够的，还必须有正确的方法和足够的耐心。

伽利略一直到去世，也没能测量出光速。

月黑风高的夜晚，伽利略和他的小伙伴在山上做实验

罗默证明光速有限

罗默（Ole Christensen Romer，1644—1710），丹麦天文学家，是第一个相当准确地估算出光速的人

伽利略去世后 30 多年，也就是到了 1675 年左右，人类终于首次证明了光是有传播速度的。这个荣誉要授予一位丹麦天文学家，他的名字叫罗默。

罗默特别喜欢观测木星。木星有四颗卫星，从地球上看过去，有时候这些卫星会转到木星的背面去，于是就产生了如同我们在地球上看月食一样的现象——木星的卫星慢慢地消失，然后又在木星的另一侧慢慢出现。罗默对木星的“月食”现象观察了整整 9 年，积累了大量的观测数据。

他惊奇地发现，当地球逐渐靠近木星时，木星“月食”发生的时间间隔也会逐渐缩小；而当地球逐渐远离木星时，木星“月食”发生的时间间隔也会逐渐变大。这个现象太神奇了，因为根据当时人们已经掌握的定理，卫星绕木星的运转周期一定是固定的，不可

地球靠近木星，木星“月食”发生的时间间隔会缩小；地球远离木星，木星“月食”发生的时间间隔会变大

能忽快忽慢。罗默经过思考，突然想到：这不正是光速有限的最好证据吗？因为光从木星传播到地球被我们看见需要时间，那么地球离木星越近，光传播过来的用时就越短，反之则越长，这用来解释木星的“月食”时间间隔不均现象那真是再恰当不过了。罗默的计算结果是光速为 22.5 万千米 / 秒，已经和准确数据差得不远了。

罗默最大的贡献在于他用翔实的观测数据和无可辩驳的逻辑证明了光速有限，并且还精确地预言了某一次“月食”发生的时间要比其他天文学家计算的时间晚 10 分钟到来，结果与罗默的预言分毫不差。从此，关于光速有限还是无限的争论画上了句号，整个物理学界都认同了光速是有限的。

但是，在此后的 100 多年中，依然没有任何一个人能用实验的方法测量出更精确的光速。直到一位法国人的出现，才终于解决了这道世纪难题。他就是法国科学家菲索。

菲索成功测量出光速

菲索（Hippolyte Fizeau，1819—1896），法国物理学家，他最重要的科学成就是用旋转齿轮法测出了光速

菲索有什么黑科技吗？当然没有，160多年前电灯都还没发明，他能有啥黑科技呢？菲索用到的仅仅是一支蜡烛、一面镜子、一个齿轮和一架望远镜而已，就靠这几样东西，他就成功地测出了光速。所以，只要想法妙，就不怕题目刁。

菲索的这个绝妙的实验到底是怎么做的呢？

首先，蜡烛的光穿过齿轮的一个齿缝射到一面镜子上，然后光会被反射回来，我们在齿轮后面观察。你想一下，如果齿轮是不转的，那么反射回来的光沿原路返回，仍然通过同一个齿缝被我们看到。现在，你开始转动齿轮，在刚开始转速比较慢的时候，因为光速很快，光仍然会通过同一个齿缝反射回来。但是当齿轮越转越快，越转越快，到一个特定的速度时，光返回的时候这

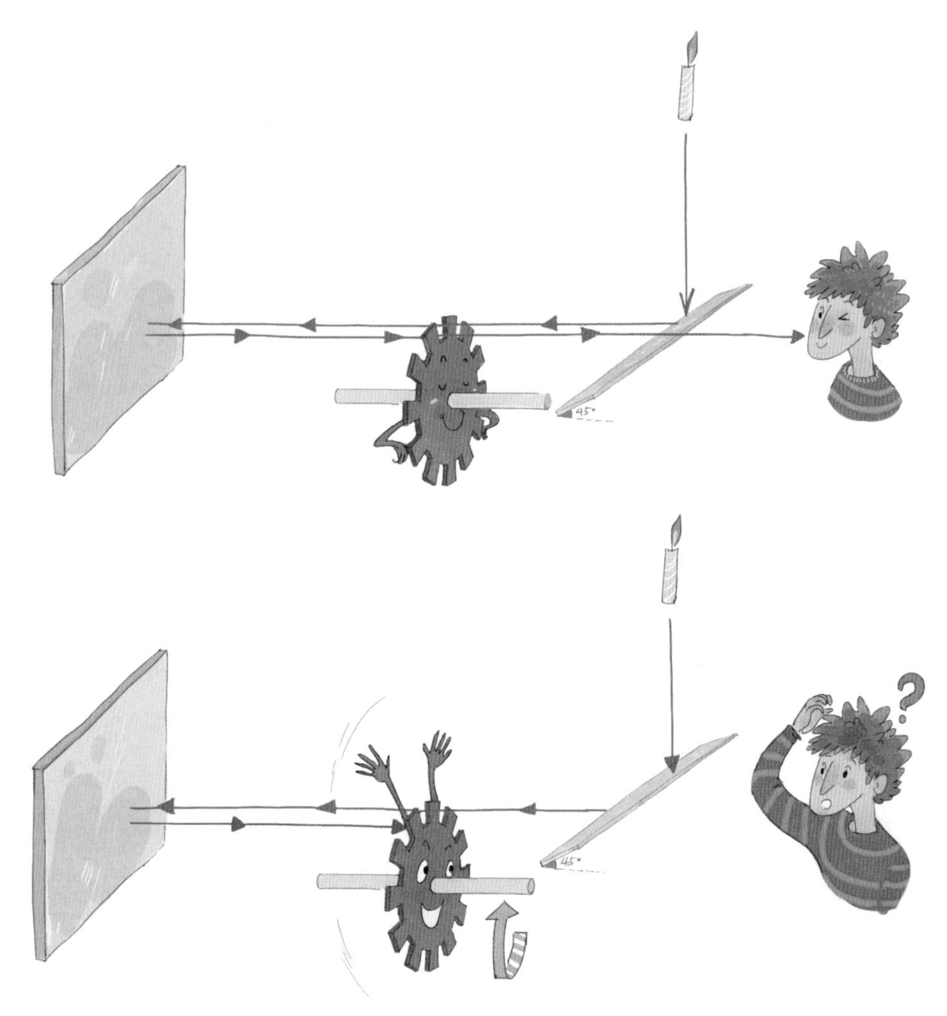

菲索测量光速的实验

个齿缝刚好转过去，于是光被挡住了，我们就看不到那束光了。当齿轮的转速继续加快，快到一定程度时，光返回的时候恰好又穿过了下一个齿缝，于是我们又能看见了。这样的话，我们只要知道齿轮的转速、齿数，还有我们的眼睛到镜子的距离，就能计算出光速了。

这个实验最巧妙的地方在于，它不需要计时器，之前所有的测光速实验都失败的根本原因就在于找不到有足够精度的计时器。

但是你们也别以为菲索的实验过程很轻松，事实上，因为光速实在太快了，菲索只能不断地加大光源到镜子的距离，这样就对光源的强度提出了更高的要求，还要不断地增加齿轮的齿数——如果齿数太少，精度也不够。就这样，在菲索不懈的努力下，当齿数增加到 720 齿，光源距镜子的距离长达 8 千米，转数达到每秒 12.67 转的时候，菲索欢呼一声，他首次看到了光被挡住而消失了；当转速提高 1 倍以后，他再次看到了光。菲索终于胜利了，他计算出了光的速度是 31.5 万千米 / 秒，与我们今天知道的光速 30 万千米 / 秒已经非常接近了。你知道这是多快的速度吗？

如果用这个速度跑步，1 秒钟可以绕地球 7.5 圈。如果用这个速度从地球跑去月球，1 秒钟多一点儿就到了。孙悟空一个筋斗十万八千里，在光速面前，那就太慢了！假如孙悟空和光赛跑，发令枪一响，孙悟空还没动，光就已经跑了不知道多少圈回到起点了。

光的速度实在是太快了，但是，如果仅仅是快，那不能叫“不可思议”。又过了 100 多年，在对光速进行深入研究后，科学家发现了更加神奇的现象。

孙悟空一个筋斗十万八千里，在光速面前，那就太慢了

如此怪异的光速

有两位美国科学家，一位叫迈克尔逊，一位叫莫雷，他们在 19 世纪末做了一个著名的实验，哪知道实验结果把包括他们自己在内的所有科学家都吓了一大跳，这就是历史上赫赫有名的迈克尔逊 - 莫雷实验。

阿尔伯特·亚伯拉罕·迈克尔逊（Albert Abraham Michelson，1852—1931），波兰裔美国籍物理学家，因发明精密光学仪器及借助这些仪器在光谱学和度量学的研究工作中所做出的贡献，被授予了 1907 年度诺贝尔物理学奖

爱德华·莫雷（Edward Morley，1838—1923），美国物理学家、化学家，他与迈克尔逊合作完成了著名的迈克尔逊 - 莫雷实验

他们原本是想通过这个实验来证明，光的速度会受到地球在太空中运动方向的影响。我们的地球就好像一列行驶在围绕太阳公转轨道上的火车，日夜不停地带着我们奔跑着。因为这个轨道不是一个正圆，而是一个椭圆，所以，地球在一年四季中，有时候是朝着远离太阳的方向运动，有时候是朝着接近太阳的方向运动。那么，当地球朝向太阳运动时，阳光相对于我

迈克尔逊-莫雷实验发现，不论地球朝着太阳运动还是远离太阳运动，光速都一样

们的速度应该更快一点儿；而当地球远离太阳运动时，阳光相对于我们的速度就应该变得慢一些。想象一下，你和另外一个小伙伴在操场上，你们俩面对面地跑起来，你们是不是很快就会迎面相遇了？而如果他来追你，那就要花更多的时间才能追到你。这本该是一件天经地义的事情。

可是，实验却发现，光的速度居然完全不受地球运动方向的影响，不论地球朝向太阳运动还是远离太阳运动，光速都是完全一样的。这件事情实在令人感到不可思议。你想想，假如你是一束光，当你要去追另外一个小伙伴的时候，不论他是冲着你跑过来，还是背对着你拼命地逃，你抓住他的时间总是不变的。

刚开始，几乎所有的科学家都认为这实在是太邪门了，这怎么可能呢？这一定是哪里出了问题吧？没有什么事情能比光速更让科学家们感到抓狂的了，有些人甚至想把迈克尔逊和莫雷拎起来拷问，让他们老实交代，到底有没有搞错。

不论我们坐在火车上，还是坐在火箭上，光永远在用同样的速度远离我们而去，我们永远也追不上光

可怜的迈克尔逊和莫雷，其实他们自己也被实验弄得焦头烂额。

在后来的几十年中，科学家们设计了一个又一个实验，千百次地反复验证，最终都证明，无论在什么情况下，光的速度都不会发生一丝一毫的变化。光，永远在用同样的速度日夜不停地奔跑着，既不会停下来，也不会改变奔跑的速度。这就好像有一个小孩，他一直在奔跑，但是奇怪就奇怪在，不论我们站在马路上，还是坐在火车上，或者坐在火箭上，这个孩子永远在用同样的速度远离我们而去。我们永远也不可能追上这个小孩。

人类终于发现，光速是宇宙中永恒不变的最快速度。

测量出令人不可思议的光速是人类对自然规律的一项重大发现，这项发现还将带来一连串更加令人震惊的发现，这又是一些什么样的发现呢？

思考题

现在你很容易就可以买到激光笔，用它可以很方便地发出一根细细的光束，传播到很远的地方。另外，还可以买到光纤，利用它，可以让光沿着几乎任意方向的路线传播。那么，你能不能利用这些最新的现代产品设计一个测量光速的实验呢？

第 2 章

时间和长度都是相对的

假如我跟光跑得一样快

阿尔伯特·爱因斯坦（Albert Einstein，1879—1955），犹太裔物理学家，因发现了光电效应而获得1921年诺贝尔物理学奖。他创立了相对论，为核能开发奠定了理论基础，被公认为是自伽利略、牛顿以来最伟大的科学家

在20世纪初，虽然已经有很多的实验证明，在任何情况下，我们都无法观察到光速发生变化，但这个现象太过于奇妙，也太违反常识和直觉，因此，当时的科学界普遍不相信，不接受。第一个敢于接受光速不变的就是伟大的科学家爱因斯坦，他的观念转变是从一个思想实验开始的。

什么是思想实验？这是在大脑中进行的实验，什么实验器材都不需要，只需要我们闭上眼睛想就可以了。

1905年，26岁的爱因斯坦默默地思考着一个前人从未想到过的问题，那就是：假如我和光跑得一样快，经过一个光源，在我经过的那一刹那，光源亮起，我将看到什么呢?

这个问题，困扰了爱因斯坦很久。如果按照人们对运动的传统认知，那么我将看到一束相对于我来说是静止的光。但是，爱因斯坦觉得这根本不可能啊，因为光是一种电磁波。什么是波？举个例子，你拿着一根长绳子，然后抖一下，是不是会看到在绳子上形成一个凸起的波峰一直传递下去啊?本质上就是绳子上的一个点运动必然会带动下一个点跟着运动，于是这么传递下去就形成了波。而光波的本质就是电场和磁场的交替感应，有点像军人报数，听到 1 的人一定要报 2，听到 2 的人一定要报 3，这是不可破坏的规则。一束静止的光，就好比军人听到 1 不报 2 了，大自然的规则岂不是被破坏了?

抖动一根长绳，绳子的运动过程就像波的轨迹

最后，爱因斯坦不得不做出一个大胆的假设：光速相对于任何观察者来说，一定是永恒不变的。这意味着什么呢？如果一个人在一列以速度 v 行驶的火车上，用手电筒打出一束速度为 c 的光，那么在站台上的人看来，这束光的速度难道不应该是 $c+v$ 吗？但如果真的是 $c+v$ 的话，明显又和我自己的假设冲突了。看来我要么放弃简洁优美的速度合成原理，要么放弃我头脑中对于速度的既有理解。

如果一只小鸟也在车厢里面以 w 的速度飞，在站台上的人看来，小鸟的速度显然应该是 $v+w$，对这个结论，现在没有人会否认。但是，凭什么我们对小鸟的结论也硬要安在光的头上呢？我们对光速的认识太浅薄了，相对于光速，不论是小鸟还是火车，其速度都低得可以忽略不计。我们生活在一个速度低得可怜的世界里面，在这个世界里总结出来的规律难道真的也可以适用于高速世界吗？在火车上的人和站台上的人看到的光速都仍然是c，这个结论之所以让我们感到奇怪，是因为我们一厢情愿地把我们在低速世界的感受直接往高速世界延伸，但事实超出了我们的想象。我们应该果断地抛弃我们的旧观念，接受新观念。

想到这里，爱因斯坦不再纠结了，他决定断然地接受光速恒定不变这个新观念，以此为基石，继续往下推演，看看到底会得到些什么结论。不论这些结论是多么光怪陆离，我们至少应该有这个勇气往下想，再奇怪的结论也可以交给那些实验物理学家用实验去检验真伪。那么，我就带着你继续来做一个思想实验，看看如果光速不变，到底又会产生一些什么样的神奇现象呢?

如果一只小鸟在车厢里面以w的速度飞，在站台上的人看来，小鸟的速度显然应该是$v+w$

时间不是永恒不变的

我现在要你想象，自己正驾驶着一艘宇宙飞船，飞船正在以接近光速的速度飞行。

假设我站在地面上，看着你的飞船。在这个思想实验中，你需要假设我是千里眼，不论多远都能看清你的飞船。

现在，请打开飞船大灯，让光照亮你前进的轨道。请你想象一下，站在地面上的我，会看到什么样的景象呢?

因为飞船大灯射出的光在我的眼里速度是 30 万千米 / 秒，而宇宙飞船的速度也是接近光速，所以，我会看到飞船和这束光几乎是齐头并进，慢慢拉开距离，飞船只比光稍微慢了一点儿。

接下来，重点来了，我们切换一下视角，请你想象一下，坐在飞船驾驶室中的你会看到什么样的景象呢?

因为光速在任何情况下都是永恒不变的，所以，在飞船中的你也依然会看到，光正以 30 万千米 / 秒的速度远离你而去。你会看到，刹那间，光就跑到了很远很远的地方。

从地面看，飞船和光开始是齐头并进，慢慢地，飞船会比光落后一点儿

坐在飞船中的驾驶员看到，光仍然以 30 万千米/秒的速度冲向前方

我希望你在继续阅读之前，稍微思索一下上面说到的两种情况，仔细想想，有没有觉得奇怪的地方。

我们假设飞船的速度非常接近光速，在地面上的我，等了 1 小时才看到飞船和光拉开了 30 万千米的距离，而在飞船上的你看到的情况可就完全不同了。你只是眨了眨眼睛，仅仅过去了 1 秒钟，就看到飞船与光拉开了 30 万千米的距离。如果这一切都是真的，那岂不是我的 1 小时相当于你的 1 秒钟吗?

而且，在刚才这个例子中，显然飞船的速度越是接近光速，我的时间就越是比你的时间显得长。这么奇怪的事情难道是真的吗？难道说“飞船一日，地上一年”是真的吗?

是的，就是根据光速不变的假设，爱因斯坦得出了令当时所有科学家都大吃一惊的结论：时间不是永恒不变的，处在不同运动速度状态下的东西，它们所经历的时间流逝速度是不同的，也就是说，时间是相对的。

爱因斯坦不但得出了时间是相对的这个结论，还精确地给出了时间和速度之间的变换公式，根据他的数学公式，我们可以计算出，如果有一架飞机以 300 米 / 秒连续飞 100 年的话，那么飞机上的乘客 100 年后走下飞机，他们就会比地面上的人年轻大约 26 分钟 18 秒。

检验时间相对性的实验

爱因斯坦刚刚宣布这个结论时，几乎没有人相信，大家都觉得这是不可能的，时间怎么可能是相对的呢？很多人觉得，思想实验毕竟是假想出来的实验嘛，除非做一个真正的实验出来，否则他们就是不信时间是相对的。但要做出真正的实验，谈何容易啊！

在科学家们的不懈努力下，直到 1971 年，才终于有人把实验做成功了，这时，爱因斯坦已经去世 16 年了。

有两位美国科学家，一个叫哈费勒（Hafele），一个叫基廷（Keating），他们带上了全世界精度最高的铯原子钟（这种超精确的钟 600 万年才会误差 1 秒），先后两次从华盛顿的杜勒斯机场出发，乘上一架民航客机做环球航行，一次自西向东飞，一次自东向西飞。两次飞行，一次花了 65 小时，一次花了 80 小时。落地后他们与地面上的铯原子钟进行了比较，实验数据与相对论的计算结果吻合得几乎完美。

爱因斯坦之所以伟大，是因为他不仅仅预言了飞机上的时间会变慢，他还能精确地计算出会变慢多少，得出一个非常准确的数字。在科学研究中，我们把“时间会变慢”称为“定性”，即确定一件事情的性质；而把“时间

美国两位科学家哈费勒和基廷带上铯原子钟，坐飞机环球飞行，一次自西向东飞，一次自东向西飞，落地后与地面的铯原子钟比较，结果证明时间相对性是正确的

到底会变慢多少秒”称为“定量”，即确定一件事情的具体数量。

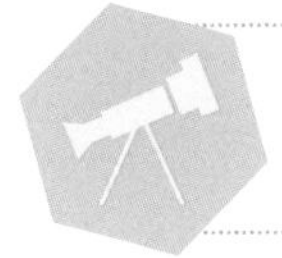

要想做研究，只定性是不够的，还必须定量，甚至定量比定性更重要。

有时候，你可能会在生活中听到各种各样的说法，比如说瓜子吃多了会上火，多喝凉水会拉肚子，等等，这些说法都叫定性，没有定量。下次你再听到的时候，可以追问一下，吃多少才叫多呢？吃多少颗瓜子会上多少数量的火呢？多少度的水算是凉水呢？喝多少才算多呢？你如果能这样想，就说明你慢慢地开始像一个科学家那样思考了。实际上，吃瓜子会上火、喝凉水会拉肚子都是没有科学依据的说法，也没有得到实验的证明。不过，无论什么东西，如果一次吃得超过推荐的量，都是不好的，瓜子和凉水也不例外。吃任何东西，最重要的都是适可而止。

相对论不能长生不老，但可以一夜暴富

爱因斯坦是世界上第一个打破传统时间观念的人，这是非常非常了不起的成就。“飞船一日，地上一年”是完全有可能实现的。不过，如果你因此觉得长生不老也是可能的，那就错了。

这是因为，在飞船上飞了 1 年回来后，地球确实可能过去了 200 年，但是对于你自己的感受来说，你真真切切地还是只活了 1 年，1 秒钟也不会多，1 秒钟也不会少。如果你的寿命是 100 年，你一直在飞船上飞，当你回到地球的时候，地球确确实实过去了 2 万年，但是对于你自己来说，仍然只能感受到自己生命中的 100 年。你只不过是用自己的一生，验证了向前穿越 2 万年是可以的。

所以，爱因斯坦的理论并不能让我们延长寿命。但是，爱因斯坦的理论却有可能让你实现一夜暴富。怎么做呢?

假设，你现在购买了 1 万元的理财产品，我们假定年化收益率是 8%，现在，你登上一艘速度为 99.999% 光速的飞船，去另外一个星球度假。飞船的往返时间加起来是 5 个月，当你回到地球后，地球已经过去了大约

100 年，你当初的 1 万元就变成了 2200 万元。是的，你绝对没有看错，确实是这么多。即便再扣除 5% 的通货膨胀率，你也还能剩下 2068 万元。如果你运气好，买了一个年化收益率 10% 的理财产品，当你回到地球后，1 万元就变成了 1.36 亿元。我绝对没有跟你开玩笑，这就是复利的力量。希望这个例子能让你对相对论印象深刻。

按照爱因斯坦的相对论，我们花5个月去另一个星球度假，回来后，地球已经过去了100年，你当初的1万元就变成了2200万元。恭喜你，你成为千万富翁啦！

物体的长度也是相对的

在打破了传统时间观念后，爱因斯坦没有停止思考，他接着用了几个漂亮的思想实验，再加上数学推导，又得到了一个令人惊讶的结论：物体的长度也不是一成不变的，长度也是相对的。比方说，一艘宇宙飞船在你的面前飞过，在你的眼中，这艘飞船就会变得很短，就好像一根弹簧被压短了一样。速度越快，看上去就会越短。

但是，如果爱因斯坦只是说，速度快了，物体看上去就会越扁，那就只是定性。爱因斯坦的厉害之处就在于，他还能告诉你，速度增加多少数量，长度就会具体缩短多少数量，计算得非常非常精确。比如说，一列高铁动车在你身边开过，在你眼中它的长度会收缩多少呢？用爱因斯坦的公式一算，会缩短相当于针尖的一千万分之一。

爱因斯坦的这些理论后来都被实验证明是正确的，于是大家就把他的这些理论叫作“相对论”，时间、长度都不是一成不变的，它们的数值都会产生相对的变化。你理解了吗？我的这句话很重要哟，我不说“你相信吗？”是因为科学理论都是可以理解的，那些神神道道的所谓大师才总是问你相不相信。下次再有人问你相不相信，你就反驳他：有本事你说得让我理解啊！

一艘宇宙飞船在你的面前飞过，在你的眼中，这艘飞船就像一根弹簧被压短了一样。速度越快，看上去就会越短

不过，相对论的内容还远远不止这些，相对论还会对宇宙做出更多匪夷所思的预言，我们会在后面一点点为大家揭晓。不过，为了让你更好地理解这些神奇的预言，我要先带着你们初步认识一下我们身处的宇宙。下一章，我们要离开地球，跟着“旅行者号”和“新视野号”去遨游太阳系。

思考题

2000 多年前，希腊哲学家亚里士多德说，重的物体比轻的物体下落得更快。这个观点是对还是错呢？是错的。其实，要证明这个观点是错误的，不需要你跑到楼顶上扔两个重量不同的球，只需要一个思想实验就够了。伽利略想到了这个思想实验，你能想到吗？

传说，伽利略曾在比萨斜塔上做自由落体实验

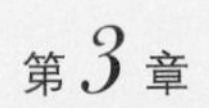

第3章

跟着“旅行者号”和“新视野号”遨游太阳系

扫码观看
本章视频

上一章的思考题想出来了吗？伽利略做的思想实验是这样的：如果把一个铁球和一个木球绑在一起，从高处扔下来，假如重的物体下落得更快，那么木球就会拉慢铁球的下落速度。但是，木球和铁球加起来的重量不是会比单独一个铁球更重吗？那岂不是应该总体下落得更快吗？这显然产生了矛盾，所以，重的物体下落得更快就一定是错误的。其实，重的物体和轻的物体在真空中下落的速度一样快。

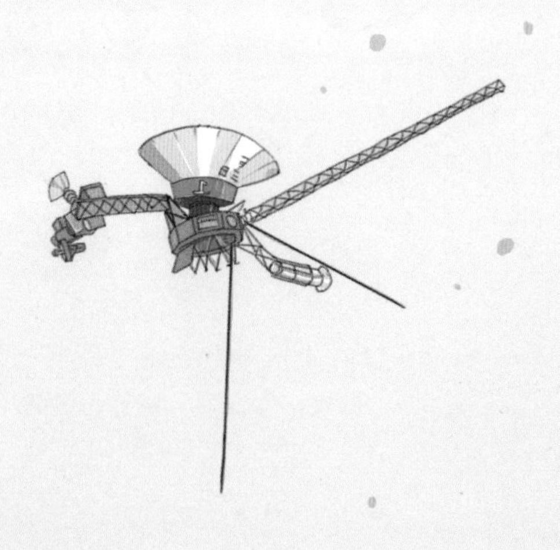

“旅行者号”的远征

今天，我要带着你们离开地球遨游太阳系。

1977 年 8 月 20 日，当这一天来临的时候，美国国家航空航天局（NASA）以及全世界的天文爱好者们都激动难眠。为什么呢？因为，就在这一天，“旅行者 2 号”宇宙探测器将按计划发射升空。而这次发射无比重要，其中还有另外一个原因。

大家都知道，太阳系有八大行星，其中水星、金星位于地球绕太阳公转轨道的内侧，而火星、木星、土星、天王星、海王星则位于地球绕太阳公转轨道的外侧，这些大行星与地球一起围绕着太阳公转，每颗行星的公转周期都不同。所以，在绝大多数时候，这些行星都像是天王撒豆子一样散落在太阳系的各处，从地球上看来，每颗行星都在不同的方向，我们每次发射探测器只能造访一颗行星，因为在宇宙中，探测器基本上依靠惯性飞行，一旦发射出去了，是没有动力再自行拐弯的。

就在 1977 年，一个百年难遇的绝佳窗口期出现了，如果在这一年发射探测器，那么就可以在差不多两年后到达木星；再飞上两年，当抵达土星轨道时，不偏不倚，土星也刚好经过探测器所在的位置。4 年半和 3 年半

太阳系的八大行星都
在围绕太阳公转

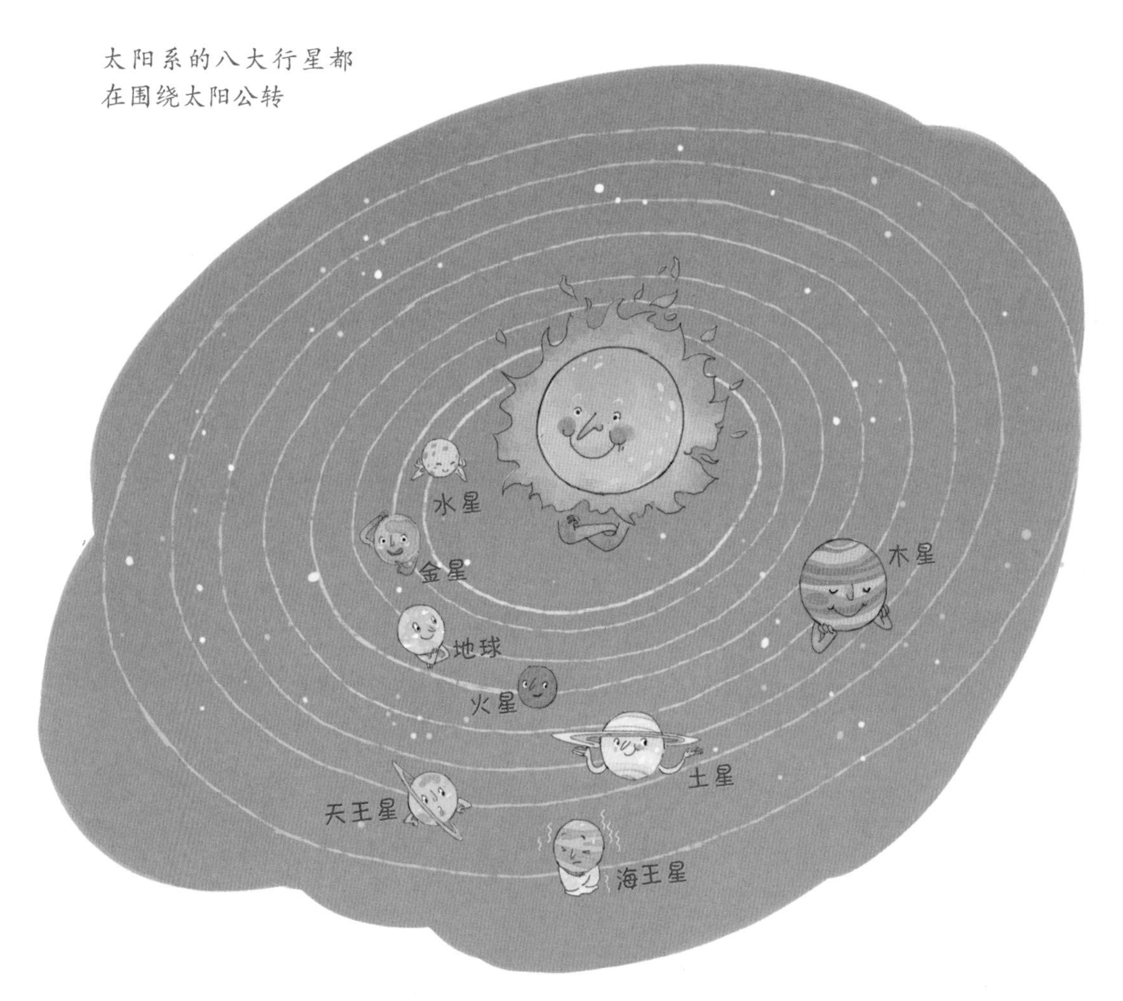

后，同样的巧合将再次出现在天王星和海王星轨道上。当然，在科学家看来，这不是巧合，而是经过精心计算的结果，一次发射，可以拜访四颗大行星，像这样罕见的机会，平均每 176 年才能遇到一次。

为了确保不浪费这次百年一遇的机会，NASA 准备了 10 多年，制造了两个一模一样的探测器，分别取名为“旅行者 1 号”和“旅行者 2 号”，这是为了双保险。

“旅行者 1 号”的起飞速度是民航客机飞行速度的 70 多倍，如果你坐上“旅行者 1 号”从上海飞往北京，不到 2 分钟就飞到了，就是这么快。

发射“旅行者1号”
和“旅行者2号”去
拜访四大行星
海王星
天王星
土星
嗨！
木星

拜访木星

我们的太阳系实在太大了，这么快的“旅行者 1 号”在太空中孤独地飞行了 18 个月，才抵达木星附近。这是一颗巨大的气态行星，如果地球缩小到一颗玻璃球那么大，那木星就会像一个篮球那么大。木星其实是一个巨大无比的气团，没有坚硬的表面，你不可能站在木星的表面，就好像你根本不可能站在云上一样。

木星最显著的特点就是它的表面有一个巨大的像眼睛一样的红斑，天文学家们管它叫大红斑。大红斑到底是什么呢？它一直是一个谜，“旅行者 1 号”终于为我们揭开了谜团。原来啊，它是木星气团中的一场巨型风暴，大得足以把地球一口吞掉。但最令人惊讶的照片不是木星的，而是“旅行者 1 号”竟然拍摄到了木卫一伊奥的地表正在喷发的火山，非常惊人，这也是人类第一次观察到其他星球上的火山喷发，这在之前从未观察到过。

木星表面有个大红斑，它是木星气团中的一场巨型风暴，大得足以把地球一口吞掉

拜访土星

“旅行者 1 号”飞过木星后，又孤独地飞行了 20 个月，终于抵达了第二站——土星。这是太阳系中长得最有特点的行星，从远处看，土星就像是戴着一顶草帽，它比木星小一点儿，明亮而美丽的光环围绕着它。这些光环到底是什么？这个谜题长久以来困扰着人们。“旅行者 1 号”又为人类揭晓了答案，原来这些光环是由无数微小的冰块和灰尘构成的，它们反射着太阳光，显得非常明亮。其实，光环很稀薄，“旅行者 1 号”探测器可以毫发无伤地穿过光环。

然后“旅行者 1 号”将观测设备对准了土星最大的一颗卫星——比水星还大的土卫六，即泰坦星。在此之前，人们已经知道泰坦星有大气，而大气的存在则意味着这颗星球上或许会有生命存在。所以，“旅行者 1 号”拼了命地尽可能靠近泰坦，想透过大气层看清楚它的地表。但遗憾的是，泰坦星大气层的厚度完全超出了人们的预料，“旅行者 1 号”的观测设备无法穿透浓浓的大气，看到它的地表，所以只能近距离地拍摄了泰坦的大气层。泰坦星的秘密一直等到 2004 年“卡西尼－惠更斯号”探测器到达后才彻底揭开。泰坦星的表面居然有液态甲烷构成的湖泊，非常惊人。

土星美丽的光环是由无数微小的冰块和灰尘构成的

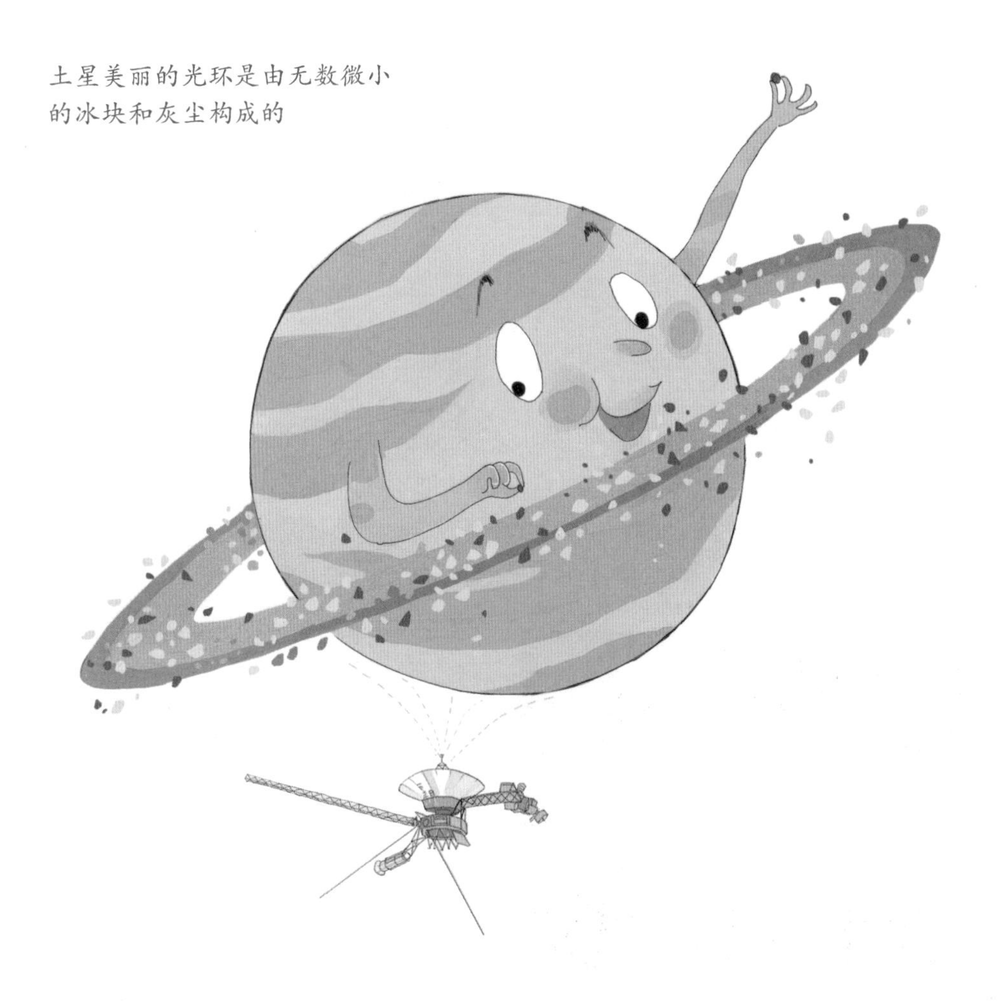

因为对泰坦星的近距离观测，“旅行者 1 号”已经偏离了黄道面[①]，所以“旅行者 1 号”不可能再飞到天王星和海王星了，于是它终止了探索行星的任务，继续朝太阳系外飞去。

① 黄道面就是地球绕太阳的公转平面，八大行星的公转平面差不多都与黄道面重合。

从太空看地球的最佳照片

卡尔·萨根（Carl Sagan，1934—1996），美国天文学家，曾任美国康奈尔大学行星研究中心主任，长期参与美国的太空探测计划，在行星物理学等领域取得了许多重要成果，多次获得雨果奖、艾美奖、阿西莫夫奖等重量级奖项，小行星2709就是以他的名字命名的

1990年2月14日，情人节，“旅行者1号”已经飞到了距离地球64亿千米的地方。NASA在天文学家卡尔·萨根的建议下，动用了“旅行者1号”上宝贵的电力，指挥它回眸一瞥，给我们的地球家园拍摄了一张照片，这就是著名的《暗淡蓝点》，它非常出名，曾被票选为从太空看地球的最佳照片。在一片仅有几道太阳光束的漆黑背景上，一粒灰尘一样的小光点出现在照片上。我们人类所有的历史，一切的一切都发生在宇宙中这样一颗微不足道的灰尘上。萨根博士写道：没有什么能比从遥远太空拍摄到的这张我们微小世界的照片，更能展示人类的

自负有多愚蠢。于我而言，这也是在提醒我们的责任：相互间更加和善地对待彼此，维护和珍惜这个暗蓝色的小点——这个我们目前所知的唯一共同的家园。

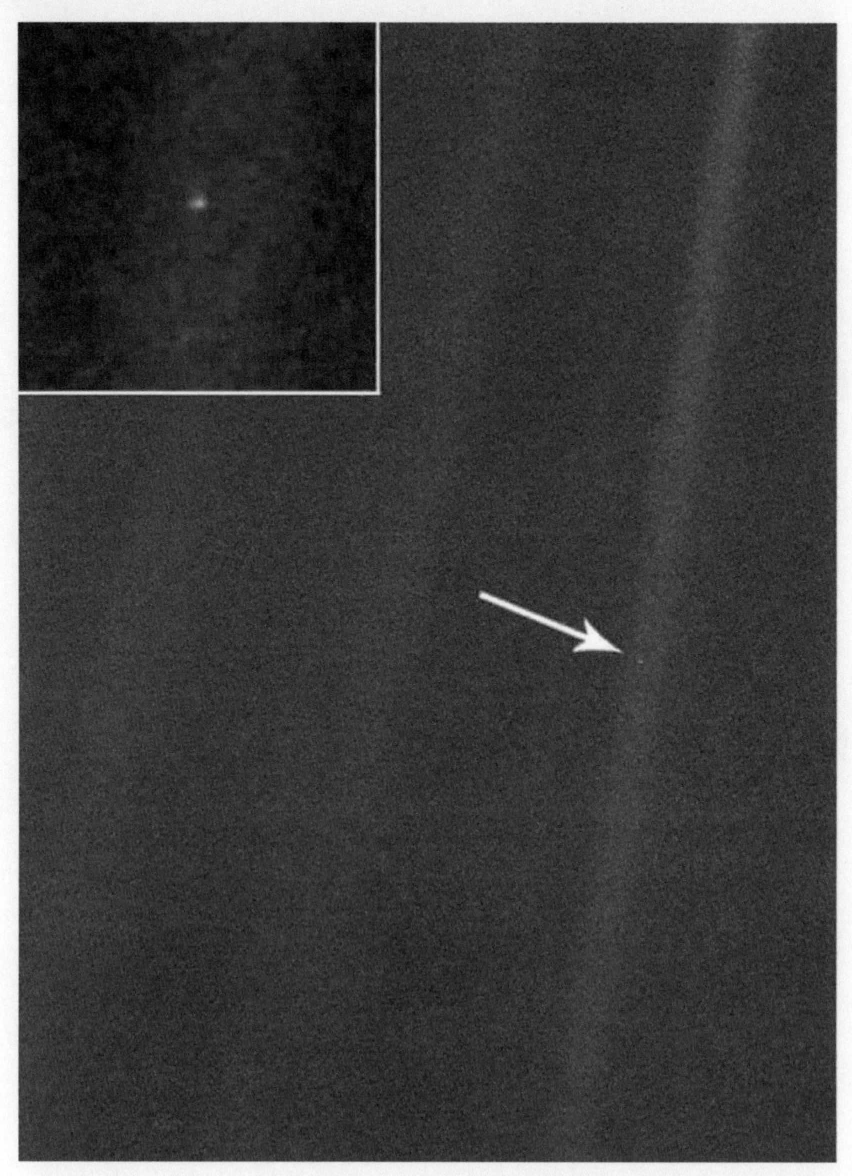

《暗淡蓝点》照片，箭头所指小点就是我们的地球，左上角是放大图

拜访天王星和海王星

“旅行者 2 号”从土星飞到天王星，又花了 4 年半的时间。这里离太阳已经极为遥远，所以，非常非常寒冷。天王星是一颗蓝绿色的冰巨星，它的表面被冻得结结实实。如果地球缩小到一颗玻璃球那么大，那天王星就像乒乓球那么大。

离开天王星，“旅行者 2 号”又飞了 8 年半，才终于抵达了海王星，它与天王星差不多大。在这里，太阳光已经变得非常微弱。“旅行者 2 号”在海王星的表面发现了一块神秘的巨大黑斑，这很有可能也是一场巨大的风暴，有点类似木星的大红斑。令人惊奇的是，5 年后，当人们用哈勃空间望远镜再次观察海王星时，大黑斑神秘地消失了。科学家们至今仍然在寻找其中的原因。

在近距离探访海卫一时，“旅行者 2 号”拍摄到了史上最清晰的海卫一照片。我们发现了海卫一表面的间歇泉，这也可以看成是一种冰火山。它像火山一样喷发，但是喷发出来的不是岩浆，而是冰。

海王星的表面有一块神秘的巨大黑斑，这很有可能也是一场巨大的风暴，有点类似木星的大红斑

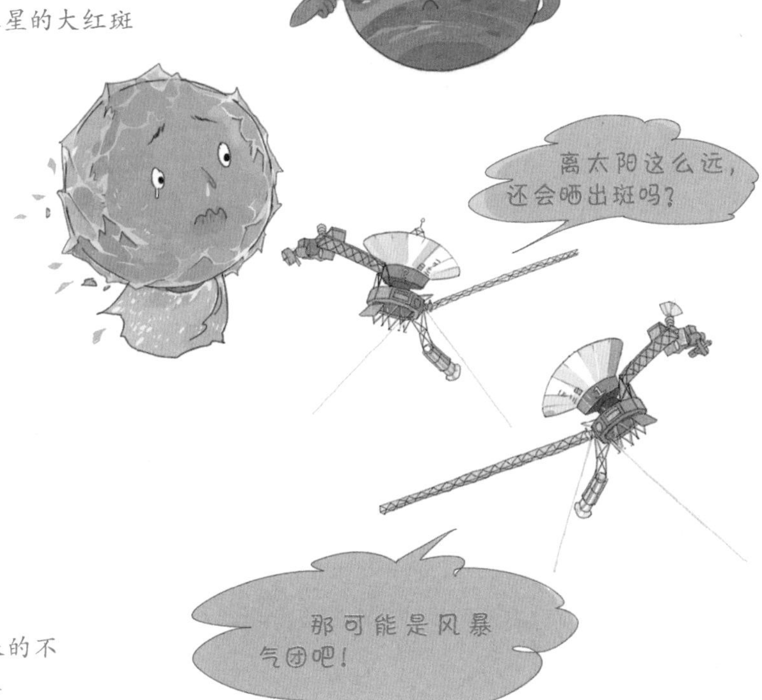

冰火山喷发出来的不是岩浆，而是冰

“旅行者2号”离开海王星，也一头扎进了茫茫宇宙，朝着太阳系外继续飞行。

在海王星的轨道外面，还有一颗神秘的星球等待着人类去拜访，那就是冥王星。

“新视野号”的远征

要把宇宙探测器送到冥王星的附近非常非常困难，为什么呢？第一，它离我们实在太遥远了，假如我们把从地球到月球的距离比作在操场上跑一圈的话，那么从地球跑到冥王星就需要跑一万圈；第二，冥王星太小了，它比月球还要小。

我们要发射一颗探测器，让它飞将近 10 年，准确地到达冥王星，就好比从上海一杆把高尔夫球打到位于乌鲁木齐的球洞里面，这个难度可想而知了。

2006 年 1 月 19 日，在美国佛罗里达州的卡纳维拉尔角，“新视野号”（又叫“新地平线号”）成功发射。45 分钟后，第三级火箭分离，“新视野号”脱离地球引力，朝木星飞去。它将在 1 年零 1 个月后抵达木星，然后借助木星的引力助推，飞向冥王星。这是一次超远距离的一杆进洞表演。

光阴荏苒，9 年多过去了，时间终于走到了 2015 年 7 月 14 日，北京时间晚上 7 点 49 分，远在 40 多亿千米之外的“新视野号”一次性地掠过了冥王星。信号以光速飞向地球上的巨型天线，4 个多小时后，这些信号将会告诉我们，这次飞掠行动是否成功。全世界无数人正坐在电视机和电脑前，关注着飞掠行动。

忽然，信号来了，一切正常，“新视野号”成功一杆进洞，全世界的天文爱好者们都沸腾了，这是人类科学又一次取得伟大胜利的时刻，工作人员们流下了激动的泪水。首席科学家艾伦刚刚接手这个项目的时候，40 岁出头，现在已是满头白发了，他用了 27 年才终于等到了这一刻。

少年，如果未来你想做科学家，就一定要耐得住性子。科学研究就像是一场马拉松，在抵达终点之前，必须一直努力。

“新视野号”探测器风尘仆仆、激动万分地掠过冥王星

揭开冥王星的神秘面纱

冥王星的神秘面纱终于被“新视野号”揭开了，它给了我们一个大大的惊奇。过去，有些科学家认为冥王星的表面是光滑平坦的，有些则认为是崎岖不平的，为此，他们争论了几十年。“新视野号”给出了答案：冥王星的地貌多样性令人惊叹，有大片的冰川平原，还有绵延几百千米的山脉，有深不见底的悬崖，也有白雪皑皑的山峰。当然，冥王星上的雪跟地球上的雪不一样，地球上的雪化了就是水，而冥王星上的雪化了就成了天然气。

如果有一天人类登陆冥王星，我们会看到冥王星的天空也是蓝色的，只是太阳昏暗得几乎看不清，像一颗灯泡一样挂在黑蓝黑蓝的天空中。天空中还时不时地会飘起雪花，当然，这些雪花化了也是天然气。我们还能看到冰封的河道和湖泊，很有可能在几亿年前，这里不是一个冰封的世界，到处都有流动的液体和波光粼粼的湖泊。

“新视野号”为我们解开了冥王星的很多谜团，但同时也留下了很多谜团。例如，按照传统的观点，冥王星这么小的天体应该很早就冷却了，不应该再有什么地质活动，但是观测证据却表明，这种观点完全错了，有两个发现证明冥王星存在活跃的地质运动。

如果有一天人类登陆冥王星，我们会看到冥王星的天空也是蓝色的

第一个证据是，在冥王星的平原上有“冰”在流动，而且有纹路，这说明平原下面有热源，产生了活跃的地质活动。

第二个证据是，冥王星表面的撞击坑分布极不均匀，有 40 多亿年历史、饱受摧残的古老表面，也有 1 亿至 10 亿年历史的中年表面，还有几乎没有任何撞击坑的大平原，年龄不会超过 3000 万年，甚至有可能更年轻。这

冥王星表面分布着撞击坑

样大的地表年龄跨度是科学家们始料未及的，这充分证明冥王星有活跃的地质运动。但是，这些地质运动的能量来源是什么呢？这就是“新视野号”留给我们的谜题了。

现在，“新视野号”虽然已经离开了冥王星，但是它还在源源不断地把数据发回地球，冥王星还有许许多多的谜团和更多有趣的发现等待着我们去探索。

人类对太阳系的了解还远远没有到达尽头，太阳系很大很大。假如把太阳系比作一个足球场那么大，“新视野号”和“旅行者号”都还没有走出一只胳膊的长度呢！广阔的太阳系，等着人类去征服。

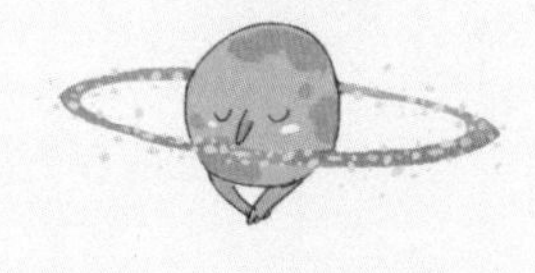

思考题

为什么太阳系中所有的行星都会不停地绕着太阳一圈一圈地转呢？

第 4 章

万有引力和引力弹弓效应

牛顿的思想实验

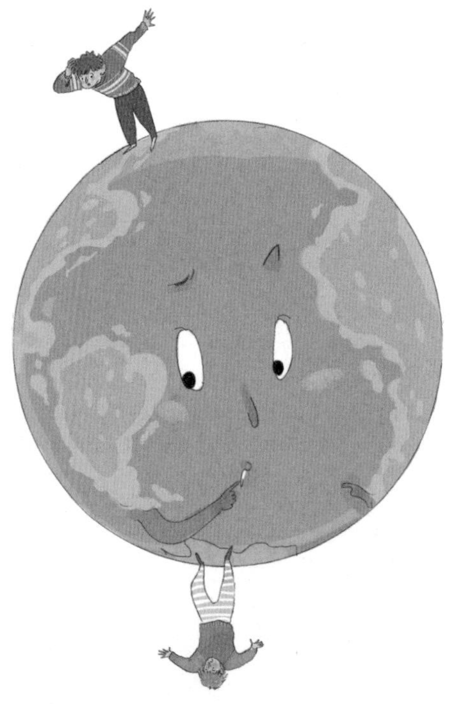

生活在地球“下面”的人，为什么不会掉下去呢？

今天，我们每一个人都知道，地球是一个大大的圆球形状，飘浮在宇宙空间中。除了地球之外，还有水星、金星、火星、木星、土星、天王星、海王星、冥王星等绕着太阳一圈一圈地旋转着。

然而，自古以来，就有一个问题困扰着人们。在古时候，不光老百姓想不明白，就连那些著名的学者也都想不明白。这个问题就是：生活在地球“下面”的人岂不是头朝下，脚朝上吗？为什么他们不会掉下去呢？

在英国的林肯郡伍尔索普村的一个庄园中，有一位22岁的青年人坐在苹果树下思索着这个古老的问题。那一年是公元1665年，青年的名字叫艾萨克·牛顿，这个名字日后将响彻整个世界。

你可能听过这个故事，说一个苹果砸到了牛顿的头上，于是他就顿悟了万有引力定律。这个故事听着很有趣，但它的真实性是没有依据的。

艾萨克·牛顿（Isaac Newton，1643—1727），爵士，英国皇家学会会长，英国著名物理学家。牛顿提出了万有引力定律、牛顿运动定律，被誉为“近代物理学之父”

自然规律不可能靠灵机一动来获得，真实的思考过程哪有这么简单啊？

其实，这个问题牛顿想了很久很久。他是这样想的：假如我站在一座高塔顶上，朝前方扔一块石头，那么石头会以一个抛物线的轨迹掉落在地上。我越用力，石头就会被扔得越远。石头能扔多远，取决于石头出手时的速度。牛顿在纸上画下这样一幅图：

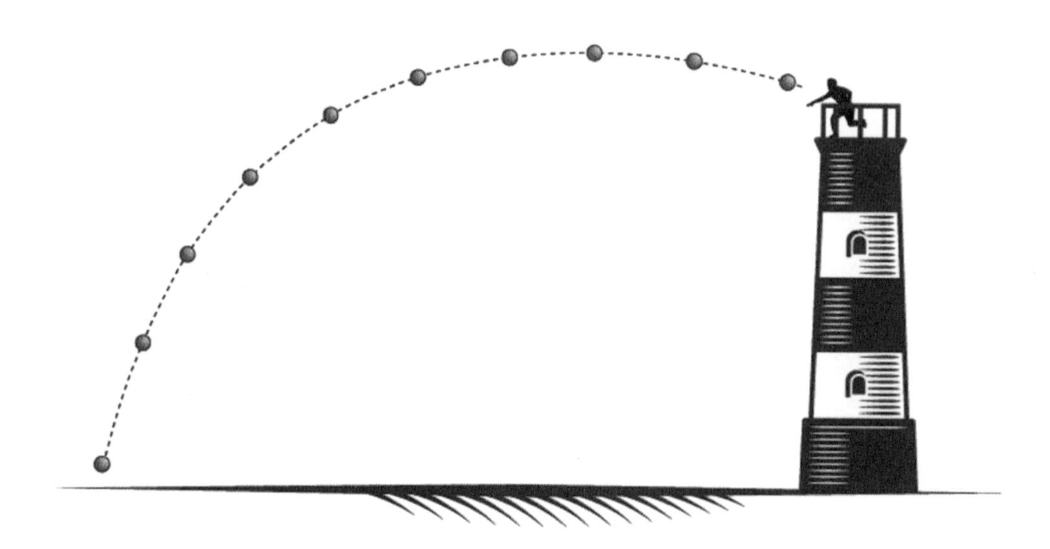

为什么会是这样的一种运动轨迹呢？牛顿找到了原因，飞行的石头同时具备两种运动，一种运动是朝着水平方向的运动，另一种运动则是垂直下落的运动。现在把这两种运动合成在一起，就形成了一种抛物线的运动轨迹。

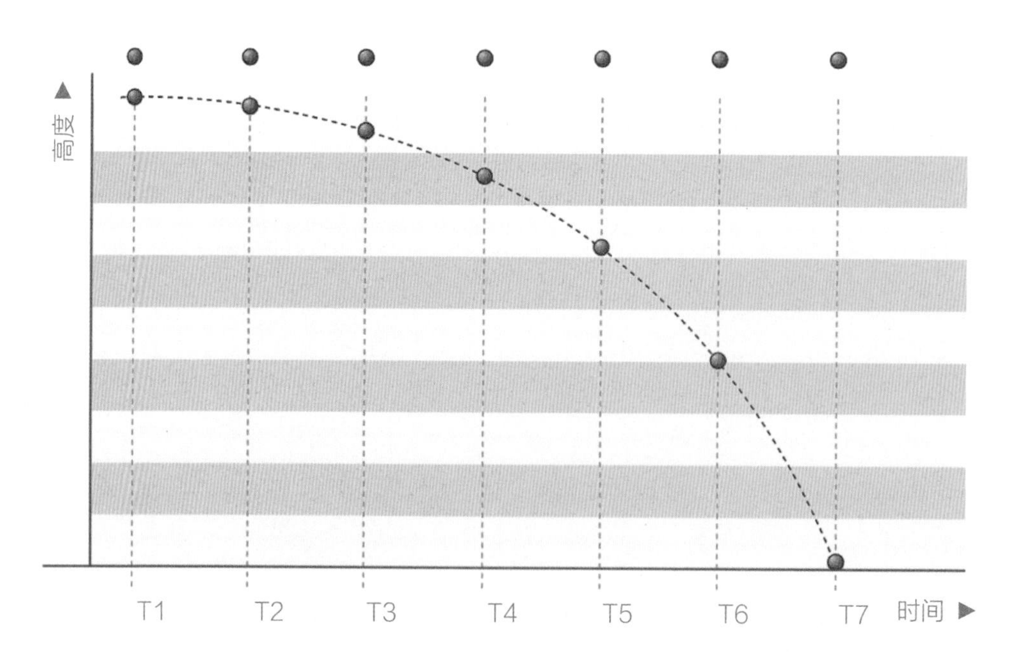

想到这个程度，并不算很厉害，伽利略也想到过这一层。牛顿厉害的地方在于他的思考没有停下来，他继续想，因为地球是圆的，当石头扔得远到一定程度，那么石头岂不是趋向于绕着地球转一圈而回到原地吗？

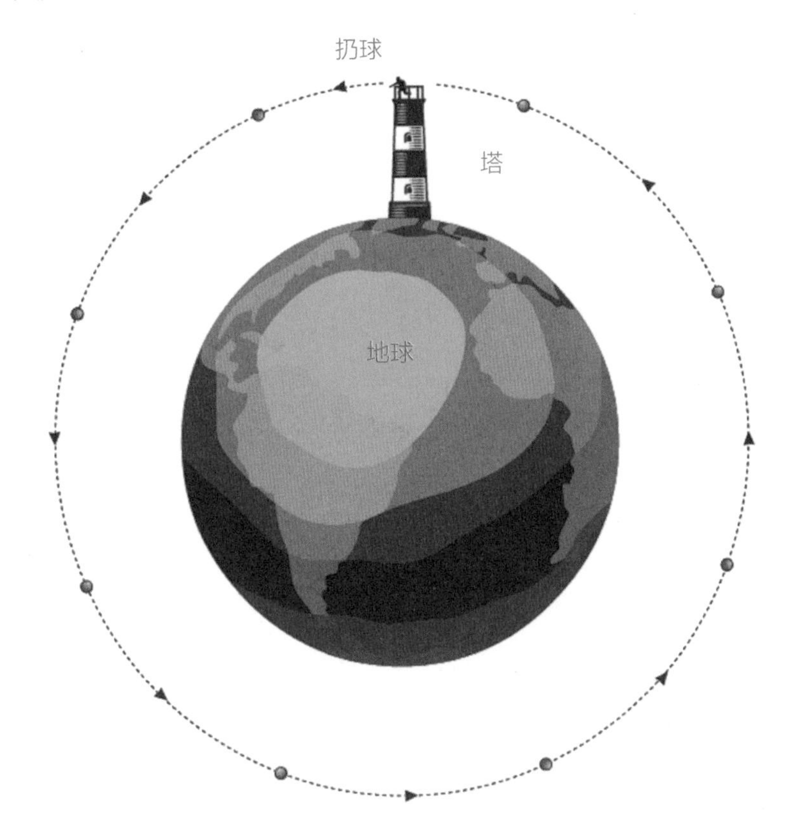

牛顿在他的草稿纸上反复画着草图，最终，牛顿想明白了，只要把这块石头扔得足够快，那这块石头将会一直绕着地球转，根本停不下来，也永远不会再掉回地面上了。要维持这样的一种运动，石头必须始终受到来自地球的一个很稳定的、均匀不变的力，而且这个力可以隔空作用，指向地球的球心。牛顿就把这个力称为“引力”。这就好比你甩动一个链球，让球在你的头顶上方转圈圈，你必须用手拉紧链子，施加一个牵引的力。那么，绕着地球转动的石头也就像是被地球伸出的一根无形的线牵引着。

万有引力

能想到这个份儿上，已经是天才的表现了，但为啥说牛顿是500年才出一个的大师级人物呢？就在于他的思考并没有停下来，他还在继续想。之前的那块石头是牛顿想象出来的，并不真实存在，而且牛顿也没有这个能力扔出这样一块超级石头。但有一天晚上，牛顿突然发现，地球的周围不是正好就存在着这样一块“石头”吗？那不就是头顶上的那一轮明月吗？想到这里，牛顿猛拍脑袋，兴奋得要跳起来了。月亮就是一块被地球的引力牵着的“石头”，它绕着地球一圈一圈地转。这又恰好解释了为什么月亮不会掉到地球上来。

一时间，犹如醍醐灌顶一般，牛顿的眼前豁然开朗，一大堆困扰他已久的问题全都迎刃而解了。人为什么不会“掉出”地球？很简单，地球的引力指向地心，每个人都被引力牢牢“抓”在地表上，双脚指向地心。

但是，假如牛顿想到这里就停止的话，那么，我依然不会承认他是500年才出一个的大师，他这个非凡的大脑还在继续思考。月亮绕着地球转是由于地球对月亮的吸引力，那么同样的道理，地球和所有的行星绕着太阳转动，说明太阳对所有的行星也都有吸引力。既然是这样，那是不是意味着，大的天体对小的天体会产生吸引力呢？牛顿摇摇头，天体隔着这么远，它们怎么会知道谁大谁小？而且如果是两个大小相同的天体，难道就没有吸引力了吗？不，不，引力一定是普遍存在于两个天体之间，准确地说，应当是存在于所有物体之间的。

24 岁的牛顿终于发现了这个宇宙中最基本的规律 ——万有引力。万物之间都会相互吸引，就好像互相靠近的磁铁一样，相互吸引。只不过啊，这种吸引力非常微弱。你想想，地球那么大，虽然把我们吸在地表上，可是我们只要轻轻一跳，就能对抗地球对我们的吸引力。我们从地上捡起一个石块，没有花多大的力气，就比整个地球对石块的吸引力还要大了。

要进一步理解万有引力，我们还必须掌握一个基本概念 ——质量。

我先问你，同样大小的两个球，一个是玻璃球，一个是铁球，它们哪个重量更大呢？你可能会脱口而出，当然是铁球啊。但是，我要告诉你，这可不一定。比如，你把它们带到太空中的国际空间站上，它们都会飘浮起来，你把它们拿在手里，会感觉它们都没有重量。或者，你在月球上称一下铁球，在地球上称一下玻璃球，称出来的重

万有引力存在于所有物体之间

量就有可能是玻璃球更大呢!

你肯定也能感觉到,铁球似乎应该比玻璃球包含的物质更多一些。对的,用来描述一个物体包含多少物质的物理量叫质量,同样大小的铁球和玻璃球,铁球的质量永远大于玻璃球的质量,不论把它们放到地球上还是太空中。好,我们又学习了一个新概念,物体的重量大小不是一定的,但质量大小却是一定的。在同样的重力环境中,质量越大的物体也就会越重。

如果仅仅是想到两个物体之间有吸引力,这样就只是定性,还没有定量。我们说过,一个科学理论不但要定性,还要定量。牛顿的伟大之处在于,

把铁球和玻璃球分别在地球上、月球上、空间站上称重,结果大不一样

他最终提出了万有引力的定量公式。他发现，两个物体之间引力的大小与它们的质量乘积成正比（成正比的意思是两者同步增大），与距离的平方成反比（成反比的意思是距离越大，引力越小）。

$$F=G\frac{Mm}{r^2}$$

这是牛顿一生中最重要的成就之一。这个公式是开启人类认识宇宙的一把金钥匙。看不懂没关系，先混个眼熟，将来看到了能认出来就已经比大多数人要厉害了。

太阳的质量大约是地球质量的 33 万倍，而且它占到了整个太阳系所有质量的 99.86%。所以，太阳能够牢牢地吸住地球和太阳系中的所有行星。那地球为什么不会掉到太阳上呢？因为地球始终在绕着太阳转，只要转动不停下来，地球就不会掉到太阳上去。这就好像奥运会上的链球运动员甩动链球，只要运动员不松手，链球就会一圈一圈地转。

地球始终在绕着太阳转，只有不停地转动，地球才不会掉到太阳上去

引力弹弓效应

万有引力这个现象给了科学家们一个启发，能不能利用星球的万有引力给太空飞行器加速呢？答案是可以的，这就是著名的“引力助推”效应。还记得我们上一章说过的“新视野号”探测器吗？在它飞往冥王星的途中，恰好会经过木星。当“新视野号”靠近木星的时候，它就像是那个链球，而木星就像是链球运动员。“新视野号”会被木星强大的万有引力吸住，就好像是运动员抓住了链球，万有引力就相当于运动员手中的链子。“新视野号”被木星吸住之后，只转了不到半圈就被抛出去了。从远处看过去，就好像“新视野号”被撞飞了一样，速度也会因此增加很多。感觉是不是很像打弹弓呢？所以，引力助推效应还有一个更常见的名称——引力弹弓。

还有一个更形象的比喻来帮助你理解引力弹弓效应，你可以把木星想象成一列火车，它在围绕着太阳的轨道上高速行驶着，而“新视野号”则像是一颗小小的玻璃球，当它和木星相遇的时候，就会被火车巨大的动量给撞飞。当然，科学家们有办法让它们不发生真实的碰撞而弹开。

“新视野号”离开木星后，速度增加了，说明它的能量也增加了，这些额外增加的能量就是从木星身上偷来的。那这样一来，木星的运行速度岂如果把木星想象成一列火车，它在围绕太阳高速转动，而“新视野号”则像是一颗小小的玻璃球，当它和木星相遇的时候，就会被火车巨大的动量给撞飞出去，这种现象就是引力弹弓效应

不是要降低了吗？没错，木星的运动速度确实会降低那么一丁点儿，不过降低的这一点儿就好像是从大海中取走一杯水，完全可以忽略不计。

利用引力弹弓效应给探测器加速的方法非常有效，只需要一点点燃料就可以把探测器提高到很快的速度。所以，每当我们发射探测器，只要有利用引力弹弓效应的机会，就一定不会放过。

不过，你不要以为引力弹弓效应只是用来加速宇宙探测器的，其实，引力弹弓效应也可以用来给宇宙探测器减速。这就好像链球运动员接住了甩过来的链球，但是并没有用更大的力气甩出去，而是拽着链球把它拖慢一点儿再甩出去。

1973 年，NASA 发射的“水手 10 号”水星探测器，就是历史上第一个利用引力弹弓效应到达另一颗行星的探测器。它先是从地球飞向了距离地球最近的金星，绕着金星转了两圈之后，火箭引擎再次点火，变轨飞向了水星。

引力弹弓效应也可以用来给宇宙探测器减速。这就好像链球运动员接住了甩过来的链球，拽着链球把它拖慢一点儿再甩出去

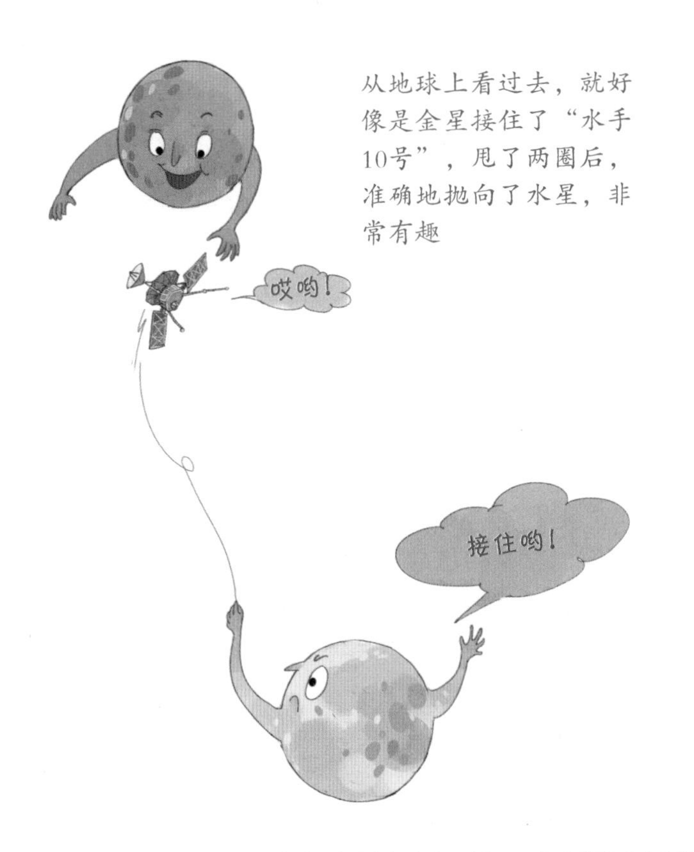

有时候，科学家们为了尽可能地利用引力弹弓效应，不惜让探测器多绕几个弯之后再飞向目的地。有一个非常经典的例子就是1997年发射的“卡西尼号”探测器，它的最终目的地是土星。但是，它并没有直接飞向土星，而是先飞向金星，利用了一次金星的引力弹弓效应。但是还没完，“卡西尼号”还是没有着急飞向土星，而是绕着太阳转了一圈后，再次与金星相遇，第二次利用金星的引力弹弓效应把自己甩向地球，再利用地球的引力弹弓效应把自己甩向木星，再利用木星的引力弹弓效应，最终把自己送到了飞向土星的轨道上。因此，“卡西尼号”的飞行

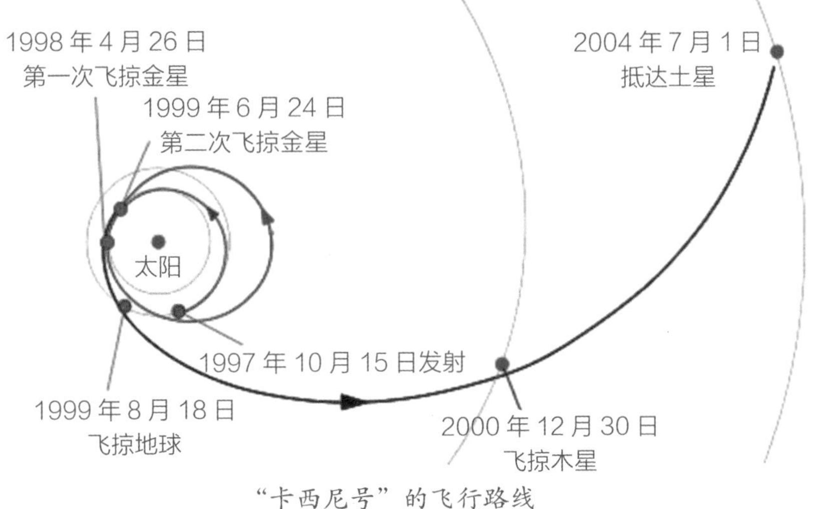

“卡西尼号”的飞行路线

路线极其复杂。

每一次变轨飞行，都必须在非常精确的时间点上启动引擎，一丝一毫都不能错。这些复杂、精确的计算全都是靠着牛顿的万有引力公式完成的。如果人类没有找到万有引力定律，那么我们今天也不可能让探测器准确地飞向外星球。

本章，我给你们讲了牛顿的故事，最重要的是想告诉你们：科学总是在不断地进步，后人总是能站在前人的肩膀上，从而看得更远。

科学家思考的过程比思考的结果更重要，如果你也想成为科学家，就要学习牛顿的探索精神，从一些最基本的自然现象开始，一点儿一点儿地深入思考这些自然现象背后的规律。

牛顿提出了万有引力定律，可是他万万没有想到，在万有引力之中还蕴含着有关宇宙的惊天大秘密，这是他去世 190 年后的事情了，这又是怎么一回事呢？

思考题

宇宙探测器在太空中飞行的时候，走的是一条直线，还是一条弧线？为什么？

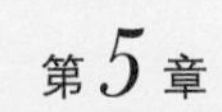

第5章

一对双胞胎引发的宇宙谜案

上一章留给你的思考题想出来了吗？宇宙探测器在太空中飞行的时候，走的是一条直线，还是一条弧线？为什么？

正确答案是，所有的宇宙探测器在太空中飞行的时候，走的都是弧线，不是直线。为什么呢？这是因为，在太阳系中，不论它们飞到哪里，总是会受到以太阳为主的万有引力的吸引。太阳系中其他所有天体的质量加起来都还不到太阳的一个零头，其他天体对探测器的影响可以忽略不计。每一个探测器都好像是一只风筝，被太阳放出的一根无形的线牵着，所以，不论它们朝什么方向运动，总是会因太阳的引力而偏转方向，不会走直线。

万有引力的影响无处不在，它就像一张无形的大网，撒满了整个宇宙，它与时间、空间、运动一样，都是宇宙中最基本的现象。

在太阳系，每一个探测器都好像是一只风筝，被太阳放出的一根无形的线牵着，所以，不论它们朝什么方向运动，总是会因太阳的引力而偏转方向，不会走直线

双胞胎佯谬

还记得吗？我说过 26 岁的青年爱因斯坦提出了相对论，他发现时间和运动之间有着密不可分的关系，这是非常了不起的成就。但是，爱因斯坦自己却并不满意。为什么呢？因为，他发现自己的理论中竟然没有包括万有引力，这实在太不应该了。万有引力无处不在，时时刻刻影响着宇宙中的一切物体，他猜想，时间会不会也受到万有引力的影响呢？

他从直觉上觉得应该会，但是又理不出一个头绪来。当时的爱因斯坦是瑞士伯尔尼专利局的一位小职员，转机出现在某一天他和局长哈勒的一次对话中。（本故事为虚构）

哈勒：爱因斯坦，你是不是认为运动速度越快，时间就会变得越慢呢？

爱因斯坦：对，这确实是我的理论。

哈勒：我觉得你的这个观点是自相矛盾的。你不是喜欢做思想实验吗？那我也来做一个思想实验，你听好啦。在漆黑的宇宙中，有一对双胞胎，哥哥驾驶着一艘飞船，弟弟也驾驶着一艘飞船，他们分别朝着对方飞过去。在哥哥的眼中，弟弟的飞船开始是一个小亮点，然后越来越大，最后嗖地一下就从身边飞过去，一转眼就不见了。于是，根据你的相对论，弟弟的时间过得比哥哥的时间慢。是不是这样？

爱因斯坦：是呀。

哈勒：很好，我再来问你，那弟弟眼中看到的是什么？是不是也是看到哥哥的飞船开始是一个小亮点，然后越来越大，最后嗖地一下就从身边飞过去？那么，还是根据你的相对论，不是应该哥哥的时间过得比弟弟慢吗？爱因斯坦先生，我想问你，到底是哥哥的时间慢还是弟弟的时间慢了呢？如果你回答不上来，说明你的理论是错误的。

爱因斯坦和局长哈勒在探讨两艘飞船相遇时的时间相对性

爱因斯坦一愣，没想到局长在私底下也在思考这些奥妙的物理问题。这个思想实验确实对爱因斯坦的观点提出了挑战，让爱因斯坦思索了好几天。不过，最终还是没有难倒他。隔了几天，爱因斯坦是这样回答哈勒先生的。

爱因斯坦：局长，恐怕在您设想的那种情况下，在弟弟的眼中，哥哥的时间慢了，而在哥哥的眼中，弟弟的时间慢了，这并没有矛盾，事实上就是这样。

哈勒：哦？那你倒是说说看，为啥就不矛盾呢？

爱因斯坦：你想啊，哥哥和弟弟如何知道对方的时间呢？他们是不是必须通过发电报来对时呢？但是，您千万不要忘了，信号传送不是瞬时的，信号传送的极限速度是光速。因此，如果哥哥在12:00:00发出电报，我们可以肯定的是弟弟在听到嘀声时，哥哥的手表肯定是过了12点了。过了几秒钟，哥哥收到了弟弟的回信："哥哥，我于12：00：05听见嘀声，当你听到我下面发出的嘀声时，正好是12：00：15。"哥哥听到嘀的一声后迅速记下了听到

爱因斯坦的解释让哈勒一脸困惑

嘀声的时间是12:00:25。但是哥哥马上就会发现，靠这个时间无法证实自己的钟走得是比弟弟的慢还是快,还得扣除信号在中途传送的时间。于是，经过一番计算，他会惊讶地发现，信号传送的时间居然超过了5秒钟，也就是说，弟弟极有可能是在12:00:05才听到了嘀声，弟弟会自然地认为哥哥的表走慢了，但是扣除信号传送的时间后，哥哥仍然认为弟弟的表走得更慢。您听懂了吗，局长大人?

哈勒:我可以给你发一个“晕”的表情吗?太复杂了,我已经完全听蒙了。

爱因斯坦:好吧，其实我只是想说，在以往我们完全不会考虑的信号传送时间居然在这个比对时间的实验中起到了决定性作用。再进一步计算，我们会发现，随着速度的增加，信号传送的时间总是要大于相对论效应拉慢的时间。也就是说，在这个游戏中，哥哥和弟弟完全处于对称的地位，一

哈勒生气地认为爱因斯坦在狡辩

方的计算完全可以想象成是另一方的计算，最后如果你经过一番仔细的计算和论证，你会得出一个惊人的结论——尽管听上去很奇怪，但无论哥哥和弟弟用什么方法比对时间，他们都会得出同一个结论——那就是对方的时间变慢了。

没想到，爱因斯坦的这番回答，让哈勒先生更加生气了。

哈勒（生气地）：爱因斯坦先生，我觉得你这是在狡辩。要知道，随着时间的流逝，人是会长胡子的。时间过得越快的人，胡子就会长得越长。如果按照你的说法，岂不是哥哥看到弟弟的胡子更长了，弟弟看到哥哥的胡

双胞胎佯缪

子更长了吗？真是荒谬！那么，好，我们让哥哥和弟弟两个人见面，比一比到底谁的胡子长，这总能比较出一个长短吧？我要您正面回答我，飞了一段时间，他们再见面后，到底是哥哥的胡子长还是弟弟的胡子长？

哈勒局长这是放了一个大招啊，爱因斯坦一下子也被问住了，这听上去好像确实是一件很奇怪的事情啊。

上面这段对话虽然是虚构的，但双胞胎难题在科学史上却非常出名，还有一个专门的名词，叫“双胞胎佯谬”，曾经难倒了很多人。佯谬这个词念 yáng miù。佯，是佯装、伪装的意思，谬，是谬误、错误的意思，佯谬就是佯装是错误的，其实是正确的。

但这个谜案最终还是被爱因斯坦给破解了。他最终发现，在刚才的那个思想实验中，如果哥哥和弟弟想要见面，那么他们俩的地位就不会完全平等了。因为，要想见面，那就必然要有一个人先把飞船的速度降下来，然后，掉转船头，再加速追上另外一个人。这样一来，谁掉头去追另一个人，谁就会变得更年轻。哥哥和弟弟的胡子谁长谁短都是有可能的，关键是看谁减速再加速。如果是哥哥减速，掉头，再加速飞向弟弟，其实就是在飞向弟弟的未来，当哥哥追到弟弟的时候，弟弟已经比哥哥还要老了。

听上去非常神奇，但这却是千真万确的事实，这就是宇宙为我们制定的神圣法则。

我们只能去发现自然规律，无法改变自然规律。

等效原理

当爱因斯坦破解了这个谜案之后，他隐隐约约觉得自己就要找到把万有引力和时间联系起来的线索了，就差最后一口气了。他苦苦地思索着，答案似乎已经若隐若现，但就是看不清楚。直到有一天，他突然获得了一个绝妙的想法，他把这个想法称为自己一生中最快乐的想法。这到底是一个什么样的想法呢?

你一定坐过电梯吧? 你有没有发现，当电梯刚刚启动上升的时候，你会觉得自己的心一沉，好像自己的身体变重了一点儿? 而当电梯快停下来时，你又会觉得自己的心一飘，就好像自己的身体变轻了一点儿? 这是因为电梯在启动或者停止时，会有一个加速度，正是这个加速度让我们感觉到了自己身体重量的变化。

这原本是很一个常见的现象，可是爱因斯坦却突然想到，假如我坐在一个密闭的电梯中，有没有办法区分出这架电梯是静止在地球，还是在太空中加速运动呢? 如果我在电梯中失重了，那我能不能区分出电梯是飘浮在太空中，还是在地球上自由下落呢? 爱因斯坦想来想去，他发现，只要不开电梯门，根本没有任何办法区分这两种状态。爱因斯坦欢呼一声，他获得

电梯刚刚启动上升时，你会觉得自己的心一沉，好像身体变重了；
电梯快停下来时，你又会觉得自己的心一飘，好像身体变轻了

了一生中令他最快乐的想法，那就是加速度和引力在物理效果上是相同的，这被爱因斯坦称为等效原理。

有了等效原理，爱因斯坦终于能把万有引力放到自己的理论中了。为什么呢？因为万有引力通过等效原理就和加速度关联上了，而加速度和运动是关联的。这样一来，爱因斯坦的相对论就升级了，他终于能把宇宙中最普遍的现象——时间、空间、运动、引力，全都整合到一个理论中了，这是非常非常非常了不起的成就，必须要用三个“非常”才够。这次升级，爱因斯坦花了整整 10 年的时间才完成。今天，许许多多的科学家都把相对论称为世界上最美的理论，相对论也被誉为人类最伟大的智力成就。

爱因斯坦的相对论把宇宙中最普遍的自然现象——时间、空间、运动、引力，全都整合到一个理论中

多亏爱因斯坦搞明白了引力和时间的定量关系，我们今天到处可见的导航仪才能为我们精确地指引方向。因为导航仪要用到全球定位系统（简称 GPS），就是利用天上的卫星来给地球上的接收器定位。它的原理简单说来就是利用不同的卫星信号抵达接收器的时间不同，这时候，就必须非常精确地知道卫星上的时钟和地面上的时钟走时会相差多少。而天上的卫星与地面上的接收器所受到的地球引力是不同的，因此，就要用到爱因斯坦的公式才能精确计算出它们的差值。

一对双胞胎引发的谜案告诉我们：

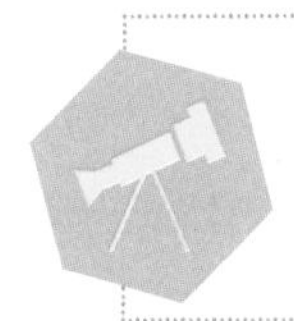

这世界上有很多现象都是反直觉、反常识的，看上去不可思议的事情很有可能是正确的，就像时间是相对的。而很多听上去或者看上去有道理的事情，未必就是真的。

就像有人说如果你骂一碗米饭，米饭就更容易发霉，而你赞美一碗米饭，米饭就会保持新鲜，听上去好像很有道理，其实根本经不起实验的检验。

爱因斯坦终于从理论上证明了，万有引力确实会影响时间。在他去世后，科学家们也用实验证明了他的理论。然而，真正让全世界的科学家都无比

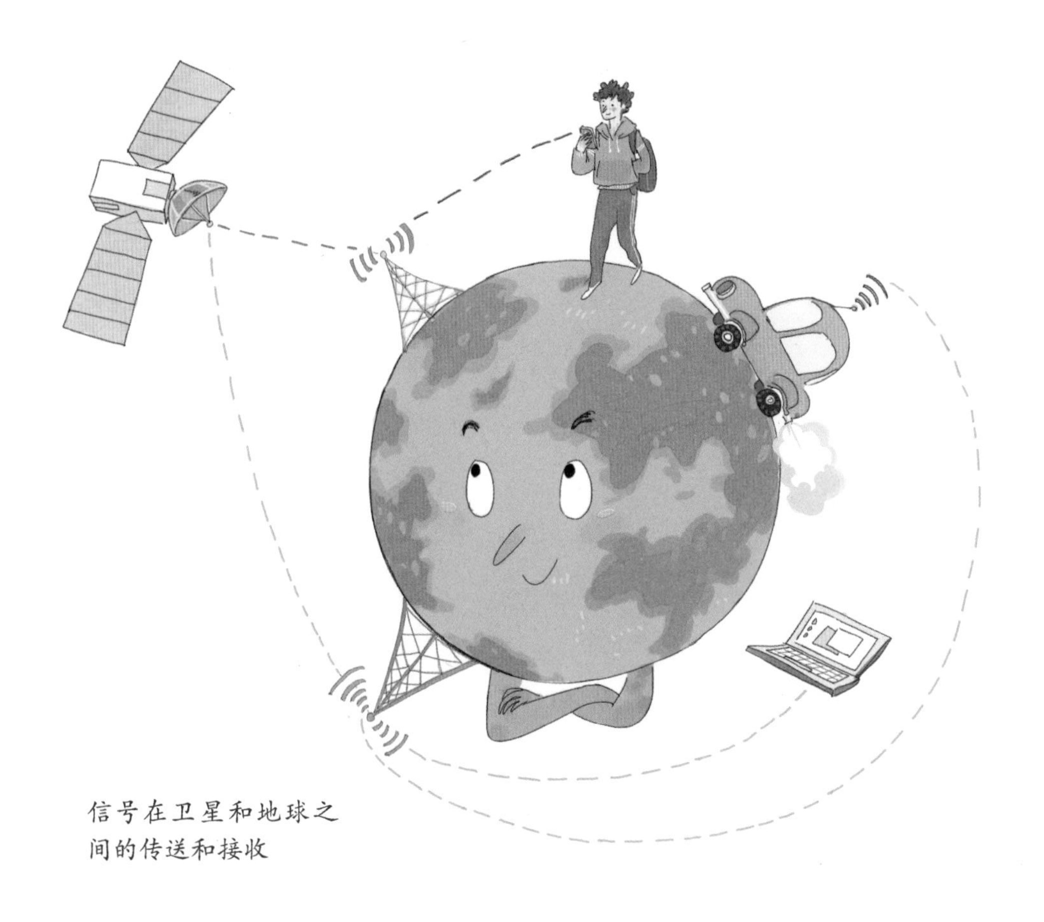

信号在卫星和地球之间的传送和接收

震惊的是，爱因斯坦还发现了有关万有引力的真相，而这个真相实在太过于惊人，以至于当被天文观测证实的时候，引发了全世界的大轰动、大讨论。

这个令人震惊的真相到底是什么呢？

思考题

你可能听说过食物相克的说法，比如有人说土豆和香蕉一起吃会长雀斑。你敢不敢做一个实验来验证一下，然后说说你觉得这是不是真的呢？

这里是什么？

第6章

黑洞、白洞和虫洞

你有没有过一边吃香蕉一边吃土豆的经历呢？这个搭配虽然很奇怪，但是，我可以保证，同时吃香蕉和土豆是不会导致你长雀斑的。香蕉和土豆看起来长得很不一样，其实啊，它们的主要成分都是淀粉和水。是不是很惊讶呢？这个世界的真相往往与我们表面上看到的情况很不一样。

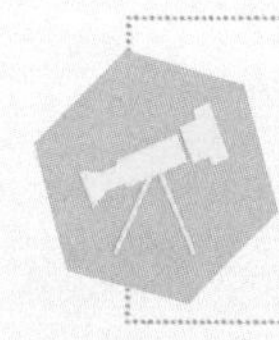

你可能会觉得热爱科学就是热爱发明创造，其实，真正热爱科学的人，都是热衷于发现真相的人，不论是生活的真相还是历史的真相。

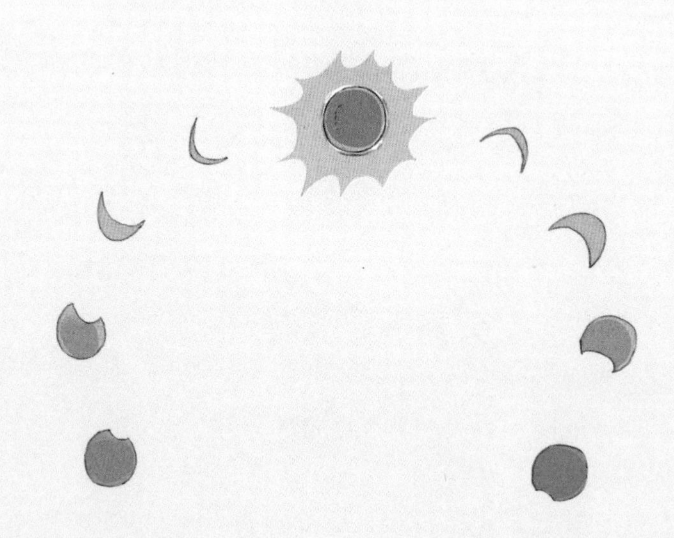

时空弯曲

爱因斯坦通过对万有引力的深入研究，发现了一个令所有人都震惊的宇宙真相——时间和空间就好像香蕉和土豆，表面上看起来它们很不一样，但如果我们换一个角度去看，它们其实都是同一样东西的不同表现形式。

我们把这样东西叫作时空。

什么是时空？时空不能简单地理解为时间加上空间，就好像牛奶不能简单地认为是牛加上奶一样。爱因斯坦告诉我们，时空就像一张由时间和空间编织起来的网，这张网充满了整个宇宙，无边无际，无处不在。时间的相对变化必然引起空间的相对变化，空间的相对变化也必然引起时间的相对变化。

牛顿说，万有引力就是物体之间互相牵着的一根看不见的线。而爱因斯坦说，万有引力就是时空的弯曲。

按照牛顿的想法，地球绕着太阳转，就像一个人甩链球。可是，按照爱因斯坦的想法，太阳就像压在时空上的一个球，它把时空这张网给压弯了，地球在弯曲的时空中运动，就好像小球在一张凹陷的橡皮膜上运动，它的运动路线就会自然而然地围绕着中心转圈圈，并没有什么看不见的线

牛顿和爱因斯坦展开激烈辩论

牵着。

那么，他们到底谁对谁错呢？

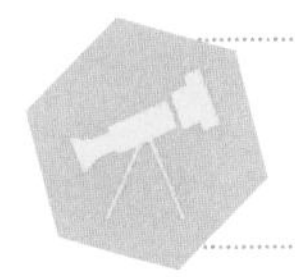

在科学研究中，并没有绝对的正确和错误，只有谁的理论更加接近真相，谁的计算结果更加符合实验的结果。

用牛顿的理论和爱因斯坦的理论都能计算出地球的运行轨道，只不过啊，用爱因斯坦的理论计算得更加精确。但我们并不总是需要那么精确，所以，牛顿的理论永远也不会过时的。无论到了什么时候，我们都要学习牛顿理论。

爱因斯坦提出了一个著名的星光实验来检验时空弯曲的猜想，这是一个非常大胆、极富想象力的实验，展现了爱因斯坦非凡的思考力，让我们一起来了解一下。

首先，我们找一个晴朗的夜晚，给某一块星空拍张照片。我们都知道恒星之所以叫恒星，就是因为它们在天上的位置相对于地球是不动的，也就是说每年地球运行到同一相对位置时，这幅星空的照片应该是完全一致的，星星之间的距离也应该是完全相同的。地球绕着太阳做着公转运动，那么每年地球都会有两次机会和恒星的相对位置保持一致，也就是在下图的位置 A 和位置 B 时。

但是，请大家注意，下面是重点：当地球在位置 B 时，与在位置 A 相比，有一个巨大的不同，那就是太阳挡在了中间。根据爱因斯坦的理论，太阳的引力是如此之大，以至于太阳周围的时空被压弯了，于是，星光经过太阳时就会发生弯曲，从而使我们在位置 B 观察恒星时，那些离太阳比较近的恒星就会发生位置变化。那么如何检验恒星的位置发生了改变呢？

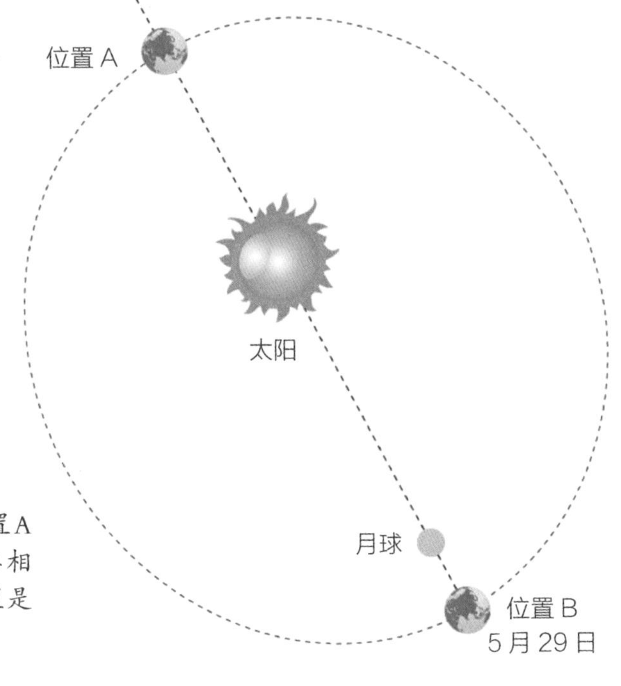

每年地球在位置A和位置B时，其相对于恒星的位置是完全相同的

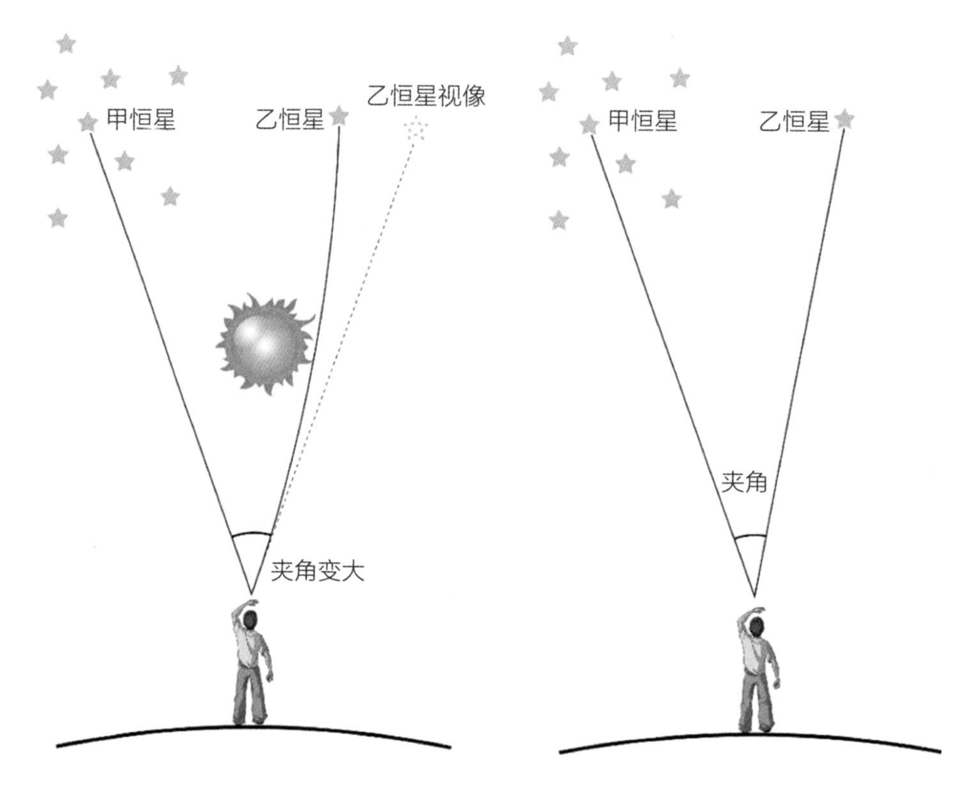

太阳的引力使得星光偏转，恒星的视位置发生了位移

我们只要测量离太阳很近的恒星与其他离太阳很远的恒星之间的距离即可。把位置 B 处的星空照片和位置 A 处的星空照片相比较，我们会发现，恒星之间的距离发生了变化，这就好像魔术师凭空把星星挪了个地方一样。

如果这个预言是正确的，离太阳近的乙恒星的视位置会朝着远离太阳的方向偏这么一点点。这一点点是多少呢？根据爱因斯坦的计算，这一点点是 1.7 角秒，1 角秒 =1/3600 度。看到这里，你可能会产生一个疑惑，当地球处在 B 位置的时候是根本无法看到恒星的，因为是白天啊，谁也无法在白天看到星星。可是，大家千万别忘了，有一个特殊的时刻可以在白天看到星星，那就是日全食发生的时刻。

这就是爱因斯坦提出的星光实验，如果我们把时空弯曲看成是他提出的一个假设，那星星改变位置就是根据这个假设推导出来的一个猜想，而这个猜想是可以被实验所检验的。

这就是科学研究的一个重要方法——提出一种假设，推导出一种猜想，再用实验去验证这个猜想。

你千万别以为这套方法很容易想到，在人类文明的几千年历史上，能够熟练运用这套方法也就只有三四百年的时间呢。

日全食发生的时候，我们在白天也能看到星星，非常神奇

1919 年那次日全食来临的时候，以英国天文学家爱丁顿为首的科学家们，分成了两支远征观测队，一支队伍远赴巴西，另一支队伍远赴西非。1919 年 5 月 29 日，日全食如约而至，虽然当时天公不作美，两支远征队都遇到了阴天，但是在最关键的时刻还是拍到了至少 8 颗恒星的照片。他们把照片带回英国后，和半年前拍摄的照片仔细比较，经过长达 5 个月的数据分析，最后，他们宣布，爱因斯坦的理论得到了完美的证实，观测值与理论计算值吻合得非常好！

亚瑟·斯坦利·爱丁顿(Arthur Stanley Eddington，1882—1944)，英国天文学家、物理学家、数学家。爱丁顿是第一个用英语宣讲相对论的科学家。自然界密实（非中空）物体的发光强度极限被命名为“爱丁顿极限”

星光实验使相对论在历史上第一次得到了实验的验证，爱因斯坦也因为这次成功的实验验证享誉世界。在此后的科学史上，每隔一段时间，相对论的预言都会得到一次实验的证实。而每一次对相对论的成功验证，几乎都会获得诺贝尔物理学奖。例如历史上非常著名的脉冲星的发现，获得了 1974 年的诺贝尔物理学奖；宇宙微波背景辐射的发现，获得了 1978 年的诺贝尔物理学奖；最近一次是引力波的发现，获得了 2017 年的诺贝尔物理学奖。

以英国天文学家爱丁顿为首的科学家们证实了爱因斯坦的理论

黑洞、白洞和虫洞

现在，我们比牛顿时代更加接近宇宙的真相。所有的天体都像一个个球压在了时空之网上，这些球的质量越大，体积越小，在这张网上就下陷得越深，也就会越来越像一个个空间中的“洞”。

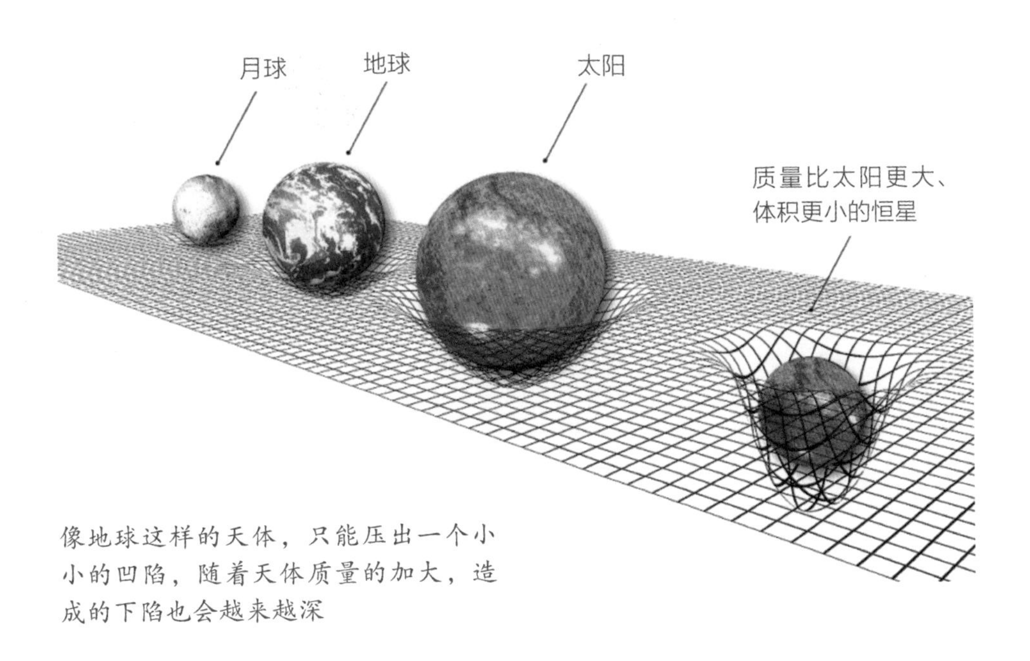

像地球这样的天体，只能压出一个小小的凹陷，随着天体质量的加大，造成的下陷也会越来越深

当这个洞达到最深的时候，就连光也只能在洞中的时空里打转转，再也飞不出来了，更不要说其他物质了。科学家们就把这样的洞称为“黑洞”，它是我们这个宇宙中最奇怪的一种天体。我们永远也无法看到黑洞里面的样子，因为在那里面，时间和空间已经打成了一个结，也可以说，时间和空间都不复存在了。黑洞就像宇宙中的一个吸尘器，不断地吞噬着一切靠近它的物质，而且吞进去了就不会再吐出来。其实，任何天体如果压缩到足够小，都能成为一个黑洞。比如，我们如果能把地球压缩到只有一颗巧克力豆那么大，那地球就会成为一个黑洞。

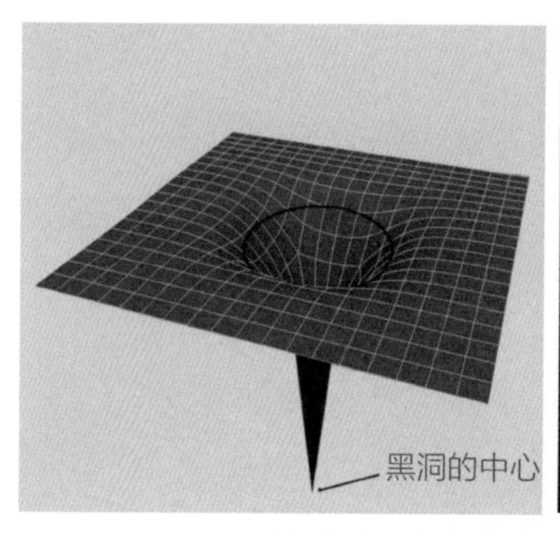

电影《星际穿越》中的黑洞，是计算机模拟出来的

但是，刚才那只是一个不太正确的比喻。实际上，黑洞比你想象的还要怪异。所谓黑洞的大小，只是黑洞的中心到边界的大小。在这个黑乎乎的区域中，其实是空无一物的。那你可能要感到很奇怪了，物质都跑到哪里去了呢？其实啊，我刚才说把地球压缩到一个巧克力豆那么大，真实的情况是，一旦地球被压缩到巧克力豆那么大时，就没有任何力量能够阻止地球继续收缩了，它会只留下一个黑洞洞的外壳。那么，地球上的物质到底跑到哪里去了呢？我们只知道它们会一直一直收缩下去，永远停不下来。这些物

要被吸
进黑洞了！
黑洞非常厉害，能吞噬一切东西
我只知道它们
会一直收缩下去，
永远停不下来。
地球上的物质到底跑
到哪里去了呢？

质最后会收缩成一个非常非常奇怪的点，我们就把这个点叫“奇点”。

正因为这样，当黑洞理论刚刚被提出来的时候，几乎没有人相信宇宙中真的会有这样奇怪的天体。后来，随着相对论被一个又一个的实验所证实，科学家们才相信，宇宙中出现这种奇怪天体是不可避免的。2019 年 4 月 10 日 21 时，人类首张黑洞照片面世。它的核心区域是一个阴影，周围环绕着一个新月状光环。

科学精神有一条非常重要的原则，那就是“非同寻常的主张，需要非同寻常的证据”。黑洞显然是一个非同寻常的主张，那就必须要有非同寻常的证据。要最终证明黑洞的存在，必须要找到天文观测的证据。

白洞经常吐东西，科学家则在忙着研究白洞吐出来的东西

就在天文学家们努力寻找黑洞的同时，又有科学家发现，根据相对论，还可以推测出一种与黑洞性质完全相反的天体，这种天体不是不停地吞东西，而是刚好相反——不断地吐出东西，于是，这种更奇怪的天体就被叫作“白洞”。这下热闹了，黑洞还没找到呢，又冒出一个白洞来。唉，那些搞观测的天文学家们可有的忙了。

事情还没完呢，那些搞理论的科学家们嫌事情还不够大，又提出了一种更奇怪的“洞”，这可让天文学家们头更大了。这是什么洞呢？还是根据相对论，科学家们发现，两个黑洞，或者一个黑洞一个白洞，虽然相距很远很远，但是理论上，有可能通过弯曲时空而连接在一起，形成时空隧道，这个时空隧道叫虫洞，就像下图这样。

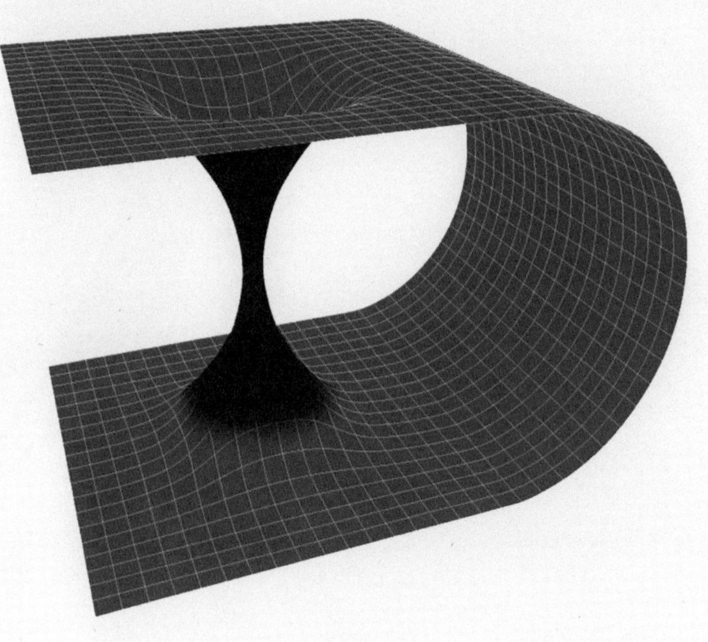

虫洞模拟图

黑洞会极大地扭曲时空。光经过黑洞的附近，就会被扭曲，像哈哈镜一样

这个时空隧道恐怕是人类目前已知的宇宙中最奇怪的东西了，这恐怕也是最疯狂的科学猜想。如果虫洞真的存在，那么就有可能让宇宙飞船从银河系的这头突然出现在银河系的那一头，原本要花几亿年才能飞过的距离，一瞬间就跨过了。

你知道科学猜想和胡思乱想有什么区别吗？科学猜想都有明确的推导过程，而不是随便一拍脑袋就凭空冒出来的想法，更重要的是，科学猜想是可以通过观察或者实验来验证的。

宇宙中到底有没有黑洞、白洞和虫洞呢？

光有理论那是不够的，必须要找到证据。在黑洞的猜想被提出之后，天文学家们就开始忙活了。因为黑洞本身不发光，所以是无法被直接看到的。但科学家们可以寻找很多间接证据，比如说，黑洞会极大地扭曲时空，于是，当光经过黑洞的附近，就会被扭曲，像哈哈镜一样。几十年以来，科学家们不断地发现各种证据，到 2015 年探测到了黑洞相撞产生的引力波后，人类已经可以自豪地宣布：黑洞的存在已经是铁证如山了。

著名物理学家霍金，他最大的科学成就是指出黑洞也不是永恒存在的，而是会像一滴水一样，慢慢地蒸发掉，这种现象被称为“霍金辐射”。但是，证据还没找到，等待着你去发现。

令人遗憾的是，迄今为止，我们也没有寻找到任何有关白洞和虫洞存在的证据。当你们长大以后，我希望你们能投身到寻找白洞和虫洞的伟大科学探索中去。

史蒂芬·威廉·霍金（Stephen William Hawking，1942—2018），著名物理学家、宇宙学家、数学家。霍金是继爱因斯坦之后最杰出的理论物理学家之一，他的代表作品有《时间简史》《果壳中的宇宙》《大设计》等

思考题

请你思考一下，如果你回到古代，你提出了一个“大地不是平的而是一个球状体”的假设，你能不能由这个假设进一步想到什么可以被验证的猜想呢？希望你能与父母一起讨论一下，在生活中，我们可以找到什么样的方法来检验大地是球形的猜想。

第7章

宇宙大爆炸和引力波

哈勃的重大发现

在 100 年前，科学家们都认为，宇宙是永恒不变的，过去无限远，未来也是无限远，谁要是问宇宙是从什么时候诞生、怎样诞生的，那是会被人笑话的。

爱德文·鲍威尔·哈勃（Edwin Powell Hubble，1889—1953），美国著名天文学家，他发现了大多数星系都存在红移的现象，构建了哈勃定律

可是，1919 年，有一位 30 岁的年轻人来到美国的威尔逊山天文台工作，谁也没有料到，这位年轻人将永久地改变人类的宇宙观，他的名字叫爱德文 · 哈勃。

哈勃一到天文台，便以近乎疯狂的状态投入到了对仙女座大星云的观测中，这片星云是在北半球肉眼可见的仅有的两片星云之一。当时的天文学家们都以为银河系就是整个宇宙，而仙女座大星云只不过是银河系中的一片发光的气体云而已。

哪知道，哈勃通过长年累月的细心观测，他用无可辩驳的证据证明了仙女座大星云距离地球至少几十万光年，远远超出了银河系的大小。

这个发现让所有的天文学家都感到非常吃惊，原来，仙女座大星云根本就不是什么发光气体云，而是一个比银河系还大的星系，包含了几千亿颗像太阳一样的恒星。除了银河系，在望远镜中还能看到无数片星云，每一片星云几乎都是一个巨大而遥远的星系。哈勃发现，有的星系甚至离我们有几亿光年之遥。

仙女座大星云比银河系还大

正当天文学家们对宇宙之大感到震惊的时候，哈勃又有了一个更加令人震惊的发现，这个发现甚至让远在德国的爱因斯坦都惊讶得合不拢嘴。这是一个什么样的发现呢？

原来，哈勃发现，除了仙女座大星系等几个极少数的邻近星系，几乎所有的星系都在远离我们，就好像你站在广场上，周围所有的人都在退向远处一般，而且，距离我们越远的星系，远离的速度也就越快。

难道说，地球真的是宇宙的中心吗？否则，怎么解释从地球看过去，几乎所有的星系都在后退呢？哈勃进一步的观测发现，事情远没有想象的那么简单。几乎所有的星系都在远离地球是没错，但是，几乎所有的星系也都在互相远离。所以，你可以说宇宙没有中心，也可以说，宇宙任何一个地方都是中心。

宇宙没有中心

膨胀的宇宙

怎么会出现这么奇怪的现象呢？请你想一想，能不能找到一个合理的解释呢？科学家们也在热烈地讨论着，最后，所有人都只能想到唯一的一个合理解释，那就是，宇宙就像是一个气球，而这个气球正在不断地被吹大。如果你在气球表面随便画上一些点，那么，当气球不断膨胀时，所有的点与点之间的距离都会增大，无一例外。难道说，我们的宇宙正在不断地膨胀吗？

远在德国的爱因斯坦听说了哈勃的发现，惊讶得不得了，不是因为他不信，而是因为这个发现竟然和他的相对论不谋而合。原来啊，爱因斯坦根据相对论计算出宇宙应该是一直在膨胀的，可是这个结果连他自己都不信。为了维持一个不变的宇宙，也为了不让别人笑话他的理论，他蒙着眼睛把自己的理论人为地改动了一点点，这才能安心地睡觉。

哪曾想到，哈勃竟然发现宇宙真的是一直在膨胀。人们不得不感叹，爱因斯坦不愧是大师啊，错都错得那么帅。

如果宇宙真的是一直在膨胀，那么，明天的宇宙就会比今天的宇宙更大，换句话说，昨天的宇宙比今天的宇宙小一点儿。那么，如果时光倒流的话，宇宙岂不是越来越小吗？这样一来，终会有收缩到头的一天。

宇宙就像一个气球在不断膨胀

宇宙大爆炸

科学家们根据宇宙的膨胀速度一计算，发现只要往回推 138 亿年，那么宇宙就会缩小到一个点了。这也就是说，我们的宇宙是在 138 亿年前，从一个点开始膨胀成今天的样子的。这被形象地叫作宇宙大爆炸。

看到这里，你脑子里面可能会冒出一个问题：除了哈勃的发现，还有没有更多证据呢？如果你能这么想，我会感到非常非常高兴，因为你已经记住了“非同寻常的主张需要非同寻常的证据”。是的，不管什么样的说法，无论是听上去很有道理还是很奇怪，都需要证据。

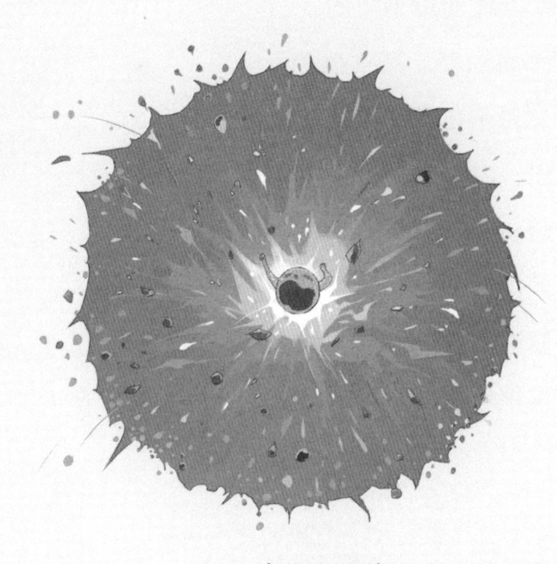

宇宙大爆炸

自从宇宙大爆炸被提出以后，科学家们一直在寻找证据，比如，我们可以根据相对论计算出宇宙从大爆炸开始，冷却了 138 亿年之后的温度。只是这个温度很低很低，用任何温度计都是测量不出来的。要测量如此低的温度，只有一个办法，就是利用巨大的射电望远镜。

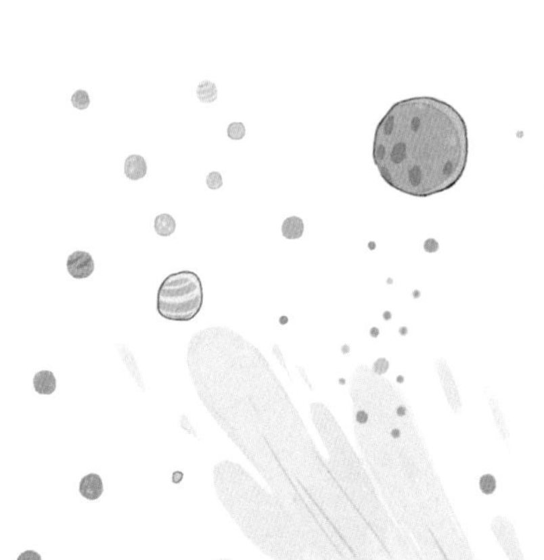

你可能感到奇怪，怎么望远镜还能测量温度呢？其实呢，与其说射电望远镜是一个望远镜，倒不如说它是一个超级收音机更为恰当。这是因为射电望远镜并不是用眼睛去看的，而是通过一个巨大的天线来收集各种频率的电磁波，科学家们可以把电磁波转换成图像和声音两种让人类可以直观感受的形式。

要测量宇宙的平均温度，其实就等于测量来自全宇宙的微波背景辐射，因为当温度变得极低时，热量是以微波的形式存在的。家里的微波炉能加热食物，也是利用了同样的原理。只是宇宙这台超级大微波炉的功率很低很低，自从射电望远镜发明以来，

射电望远镜通过一个巨大的天线来收集各种频率的电磁波

人类通过它接收到的全部微波加起来的热量还不够融化一片雪花呢！宇宙微波背景辐射的发现是一个非常富有戏剧性的故事，让我讲给你听：

宇宙微波背景辐射的发现

1964 年，彭齐亚斯 31 岁，威尔逊 29 岁，他们是美国贝尔实验室的两名工程师，入行时间不长，资历也不深。他们俩一起，在美国新泽西州的霍尔姆德尔建造了一个形状奇特的号角形射电天文望远镜，然后开始对来自银河系的无线电波进行研究。

这个号角形的巨大天线非常灵敏，喇叭口的直径达到了 6 米，可能是当时世界上最灵敏的天线。但天线启动后，似乎有问题，总有一个怎么也去不掉的噪声在干扰。

他们首先把所有能拆的零件全部拆下来，然后重新组装一遍，没用。然后他们又检查了所有的电线，掸掉了每一粒灰尘，没用。他们爬进了天线的喇叭口，用管道胶布盖住每一条接缝、每一颗铆钉，还是没用。最后，在爬进天线时，他们发现了一个鸽子窝，居然有鸽子在里面筑巢。“罪魁祸首一定是鸟屎！”威尔逊恍然大悟地对彭齐亚斯说。“鸟屎是一种电解质。”彭齐亚斯听了使劲地点头。

于是俩人再次爬进天线，把所有的鸟屎擦得干干净净，这可不是一件轻松的活儿。可是让俩人快疯掉的是，干完这一切后，那个鬼魅般的噪声反而更加清晰了。就这样折腾了足足有一年的时间，到了 1965 年，他们在濒临绝望的时候，终于想到了离他们仅有 50 多千米远的普林斯顿大学。

这可是爱因斯坦工作过的大学啊，藏龙卧虎。他们打电话找到了功底深厚的天文学家、物理学家罗伯特·迪克教授。迪克教授在听完了他俩的絮叨后，心里凉凉的，他立刻明白了真相，于是他说了一句话：“你们俩拼了命要去掉的东西，正是我拼了命要寻找的东西，你们俩运气怎么就这么好？”

彭齐亚斯和威尔逊在射电天文望远镜上发现了鸽子窝，他们以为鸟屎是产生噪声的罪魁祸首

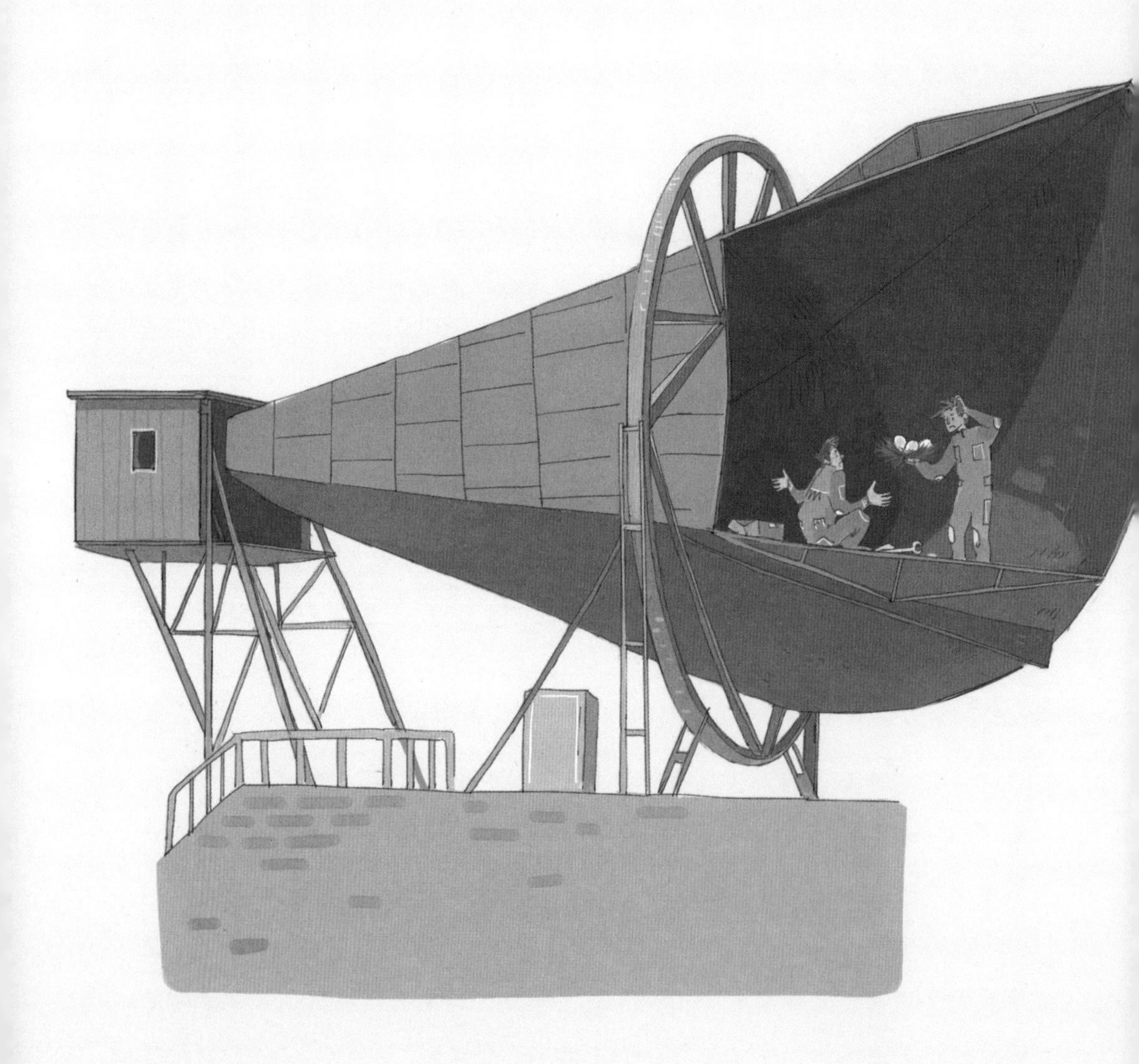

原来，迪克教授正领导一个研究小组试图验证宇宙大爆炸理论的预言——宇宙微波背景辐射。他清楚地知道，他要找的东西已经被这俩从来不知道什么是宇宙大爆炸理论的毛头小伙子找到了。

就这样，20世纪天文学史上最重要的发现，也是宇宙大爆炸理论的最关键证据——宇宙微波背景辐射——被戏剧性地发现了。这两个幸运的美国工程师——彭齐亚斯和威尔逊，因为这个发现在10多年后获得了1978年的诺贝尔物理学奖，而迪克教授则收获了无数的同情。

幸运的彭齐亚斯和威尔逊因为发现了宇宙微波背景辐射
被授予诺贝尔物理学奖，迪克教授很落寞

引力波

越来越多的证据表明，我们的宇宙确实是来自 138 亿年前的一场创世大爆炸。

不过，这场大爆炸与我们见过的爆炸很不一样，在爆炸发生后的几十万年中，是没有任何光的，因为在那个期间，宇宙还是一锅浓汤，连光子都还没有诞生。如果只有望远镜，人类无论如何也无法捕捉到那个时期的宇宙信号。那么，科学家们有没有办法研究刚刚诞生的宇宙呢?

办法也是有的，有一种信号在宇宙大爆炸发生的那一瞬间就会产生，而且还有可能被今天的我们捕捉到，这种信号就是大名鼎鼎的引力波。

到底什么是引力波呢?

这又要回到相对论了。还记得吗? 时空就像一张用时间和空间编织起来的网，这张网充满了整个宇宙，无处不在，无边无际。任何天体都会把这张时空之网压弯曲一点儿，天体越重，个头越小，时空就弯曲得越厉害。

引力波就是时空之网泛起的涟漪，就好像你把一块石头扔到平静的水中，水面上就会泛起阵阵涟漪。在时空中泛起的涟漪就被科学家们称作引力波。那么，在什么情况下，会产生引力波呢? 其实，任何两个物体互相围绕着转都会产生引力波，比如我和你手拉着手一起跳舞，也能产生引力波。只是，我们俩实在太轻了，产生的引力波微弱到完全不可能被检测到。

引力波

但是，如果是两个黑洞互相围绕着转，那产生的引力波就要强得多了，就有可能被地球上的引力波探测器捕捉到。

100 年前，爱因斯坦预言了引力波的存在，他的每一个科学预言都会引发全世界的关注。但是，由于引力波信号极其微弱，要捕捉到它真的比登天还难。为了探测到引力波，科学家们努力了半个多世纪，终于在 2015 年 9 月 14 日这一天，人类首次探测到了来自宇宙深处的引力波信号。这是两个黑洞并合产生的信号，在宇宙中穿行了 13 亿年后抵达地球，信号持续时间还不到 1 秒钟，幸运地被人类捕捉到。

从此，人类探索宇宙不再仅仅依靠望远镜，我们又多了一件“神器”，那就是引力波探测器。如果把望远镜比作人类的眼睛，那么引力波探测器就好像是人类的耳朵。你想想，当一个听障人士突然能听见大自然的声音，他该多么兴奋啊！所以，包括我国在内的全世界许多国家都在积极筹建引力波探测器，谁也不愿意再做听障人士了。

通过引力波，未来的科学家就有可能捕捉到宇宙大爆炸时期的引力波信号，从而了解在那个创世时刻，都发生了些什么。现在正是新天文学的黎明时期，如果你有志于未来成为一名天文学家，那么选择引力波天文学，很有可能做出像伽利略那样的伟大贡献呢！

要研究古老的宇宙，我们现在用的办法就是捕捉来自遥远过去的光子或者引力波，还有没有别的办法呢？我看是有的，你想到了吗？我想到的是发明一种时间机器，回到过去，不就能亲眼看一看古老的宇宙了吗？

那么，时间旅行有可能实现吗？咱们下一章揭晓答案。

思考题

你们知道哈勃是如何证明仙女座大星云距离地球至少几十万光年的吗？我想请你们通过互联网，自己寻找答案。记住，寻找答案的过程比答案本身更重要。

第8章

时间旅行可能吗？

我们终于要开始讲令人激动的时间旅行了。像机器猫一样，驾驶着时光飞船去向任意一个时间，恐怕是每一位少年心中的梦，我也不例外，在我也是少年的时候，就常常做这样的梦。那么，从科学的角度来说，时间旅行到底有没有可能实现?

我必须把这个问题分成两种情况来回答。时间旅行可以分成去向未来和回到过去两种情况，这两种情况的答案很不一样。

飞向未来是可能的

首先，我可以非常肯定地回答你，飞向未来是完全可以的。这是 100 多年前，爱因斯坦发现的秘密。他的相对论告诉我们，只要能坐上一艘速度足够快的飞船，运动了一段时间再返回地球时，我们就等于飞向了地球的未来。飞船的速度越快，地球上的时间流逝速度相对也越快。这些理论都已经得到了非常严格的实验证明。

但是我必须告诉你，虽然理论上是这样的，可如果要真正进行有现实意义的时间旅行，那以今天我们人类的技术，是遥不可及的。我们可以来看看速度和时间之间到底是怎样的换算关系：

现在，我们假设你坐上了以下这些飞行器，飞行了整整一年之后回到地球，你到底向前穿越了多少时间呢？

如果坐飞机，大约能向前穿越 16 秒。即便是坐上目前人类能够制造的最快的宇宙探测器，它的速度不到光速的万分之一，也只能大约向前穿越 100 多秒。这种程度的时间旅行，我们是完全感受不到的。

除非，我们能制造出速度达到光速 90% 的宇宙飞船，那就可以有那么一点点时间旅行的感觉了，如果我们在这艘宇宙飞船上飞了一年后回到地

球，地球上的人就差不多经历了两年零三个月。

如果能制造出速度达到 99% 光速的飞船，那时间旅行的感觉就非常明显了，地球上的时间会以 7 倍于飞船上的时间的速度流逝。

可是，人类想要让自己制造的飞行器速度提高 1 万倍，那简直就是一个遥不可及的梦想。现在人类能够制造的宇宙飞行器，全部都叫作化学火箭，就是将某种液体或者固体燃料在很短的时间内燃烧完毕，这样就能喷出气体，产生反推力。牛顿第三运动定律告诉人们，火箭想要产生加速度，就必须喷出东西，以人类现在的科技，我们能找到的最佳喷出物就是气体。像这类利用反作用力产生加速度的火箭，我们称为“工质发动机”。“工质”就是“工作物质”的意思，这类火箭必须把工作物质抛出，才能产生加速度。所以，这个原理就决定了化学火箭能够达到的速度是有瓶颈的，因为要持续产生加速度，就必须不断地抛出工质，而工质则是抛掉一点儿少一点儿，很快就会被抛完。而且，所携带的工质越多，火箭的质量也就越大；质量越大，产生同样的加速度，所需要的力也就越大。因此，化学火箭的效率是非常低的。你在电视上看到的那些火箭，它们的重量中有 90% 以上是燃料，在几分钟到几十分钟内就会烧完。

在科学家们的设想中，下一代工质发动机是核聚变发动机。它利用核能来产生极高的温度，然后把物质分解成微小的离子。这些离子虽然很小，但是速度很快，当这些离子从火箭中喷出时，就可以提供动力。核聚变发动机与化学火箭相比，效率大大提升，产生同样的推力，可以携带少得多的燃料。可惜的是，人类目前的科技水平距离制造出这样的发动机还有很长的路要走，

化学火箭将某种液体或者固体燃料在很短的时间内燃烧完毕，这样就能喷出气体，产生反推力

我们还有
许多的技术
难题没有解决。

除了工质发动机，还有一种方法可以在太空中推动宇宙飞船前进。你们应该见过大海中航行的帆船吧？海风吹着风帆，发出呼啦啦的声音。其实，在太空中，也有风，不过这种风不是空气的运动，而是太阳抛射出来的粒子运动，这就是太阳风。如果宇宙飞船在太空中张开一张大大的太阳帆，就可以借助太阳风在宇宙中飞行。只是，太阳风非常微弱，只能提供很小的推力，不过，只要加速的时

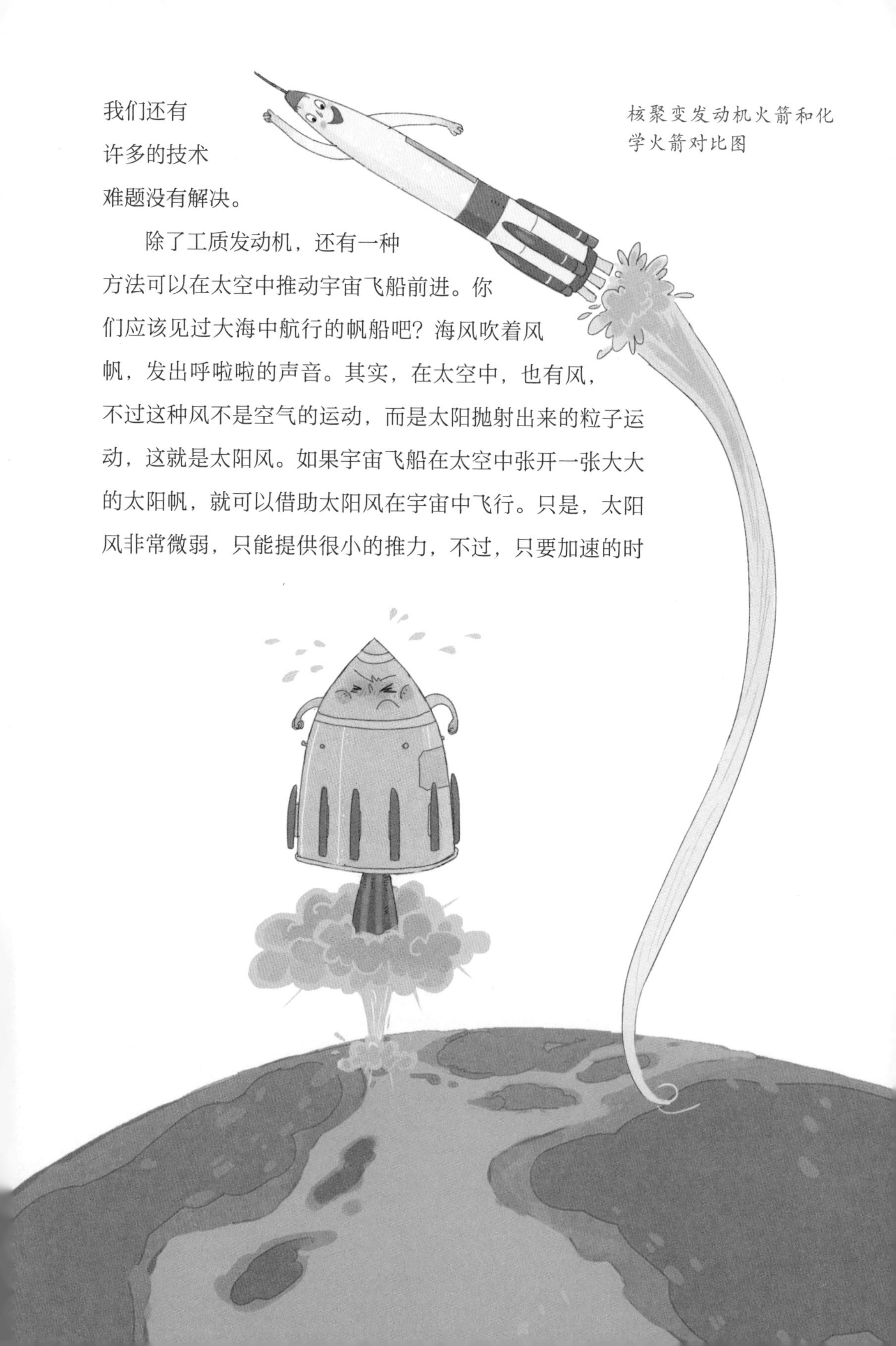
核聚变发动机火箭和化学火箭对比图

间足够长，日积月累，也能达到非常高的速度。但是，太阳风能吹到的地方很有限，在距离太阳 100 亿千米左右的地方，太阳风就基本吹不到了。而这个距离从太阳系的尺度来看，只不过刚刚离开了家门口而已。

我期待着你们长大了，能够设计出更好的发动机，制造出真正的时光旅行飞船。

带风帆的宇宙飞船在距离太阳100亿千米左右的太空中飞行，飞船上的宇航员焦虑地发现太阳风越来越弱

超光速没有可能

我们再来看第二种情况：回到过去。恐怕这才是你更想要的时光机器吧？那到底有没有可能制造出回到过去的时间机器呢？你可能曾经听说，只要制造出超光速飞船，就能回到过去，对吗？

很遗憾，我想告诉你，超光速是不可能的。无论我们再怎么努力，我们也无法制造出超光速飞船，这是因为爱因斯坦的相对论已经向我们揭示了光速的秘密。还记得本书第 1 章的内容吗？光速是宇宙中永恒不变的极限速度，没有任何物体的运动速度可以达到光速。连达到都不可能，当然更别想超过了。

你可能会想，相对论就一定是正确的吗？会不会是爱因斯坦搞错了呢？你能这么想很好，说明你具备了科学精神中很重要的怀疑精神。然而，我想告诉你，盲目地怀疑一切就会与科学精神背道而驰。比如说，我们是不是需要怀疑牛顿的理论呢？不需要，因为飞机能够在天上飞，火箭能够把卫星送上轨道，都已经证明了牛顿理论的正确性。

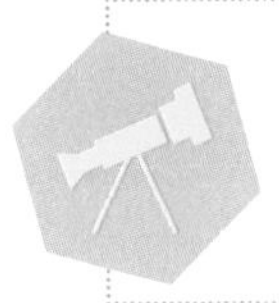

你如果怀疑牛顿理论，就如同怀疑同样的飞机今天能飞，明天就不能飞了一样。在一定的适用范围内，牛顿的理论会一直正确下去。

同样的道理，相对论也得到了严格的实验证明，我们的宇宙不会今天服从这个规律，到了明天就服从另外一种规律了。将来，或许会出现比相对论更好的理论，就好像相对论是比牛顿理论更好的理论一样。

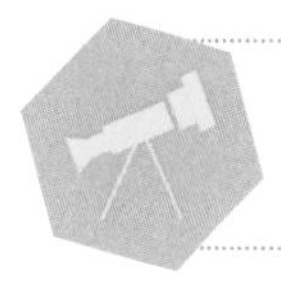

但是，这不代表旧理论就是错误的，只代表新理论能够比旧理论适用得更加宽广。

目前，所有的科学家都认同光速极限是无法突破的。

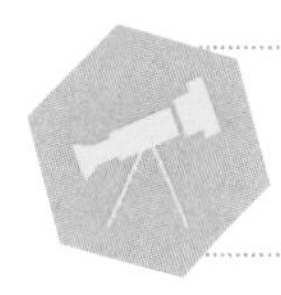

在你自己成为科学家之前，请不要盲目怀疑我们已经取得的科学成果，这本身就是一种科学精神。

那么，是不是回到过去就完全没有可能了呢？也不是的。刚才我只是否定了超光速的可能，并没有否定回到过去的可能。

时间旅行的一种可能性

科学家们在相对论的基础上，推测出了宇宙中有可能存在一种非常非常奇怪的洞，那就是我们之前讲过的虫洞。如果虫洞也像黑洞一样，是真实存在于宇宙中的天体，那么，虫洞就像是一条时空隧道。

进入这条时空隧道的飞船，能从银河系的这头瞬间抵达银河系的那头。有一部分科学家还推测，飞船还能够通过时空隧道抵达任何一个时间点，不仅仅能穿越到未来，也能回到过去。

但是，这种推测也遭到了另外一部分科学家的强烈反对。这些科学家认为，虽然相对论确实推测出了虫洞，但一定还存在我们尚未发现的宇宙规律，阻止飞船回到过去。

这些科学家为什么不相信飞船能回到过去呢？

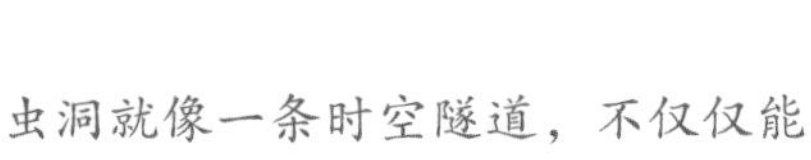

虫洞就像一条时空隧道，不仅仅能穿越到未来，也能回到过去

时间旅行可能产生逻辑矛盾

这是因为，这些科学家认为，如果回到过去，就会不可避免地产生逻辑矛盾。比如，假设你坐上飞船穿越虫洞，回到了你生日那一天，再假设你阻止了自己的出生，那么，逻辑矛盾就不可避免地产生了：既然你自己没有出生，又怎么会有未来的你回到过去阻止自己的出生呢？这显然是荒谬的。

所以，一些科学家就坚持认为，肯定还有我们未知的自然规律不允许回到过去，或者不允许虫洞的出现，或许，宇宙中根本就不存在虫洞这种奇怪的天体。

然而，另外一些科学家则辩护说，我们坚信虫洞的存在，也相信回到过去是可能的。逻辑矛盾也并不是完全无法解决，或许有下列几种可能性。

第一种，自由意识丧失说。就是说，你回到过去之后，就会完全被历史所控制，你就会像一个不受自己支配的演员，只能按照写好的剧本演戏。

第二种，时空交错说。就是说，你回到的那个时空和真实的历史时空是平行纠缠的，但永远不可能相交，你可以看见历史，但不能影响历史。是的，只能看，不能摸。

第三种，平行宇宙说。就是说，当你干下了任何改变历史的事情时，宇宙就分裂成了两个平行的宇宙。在我这个宇宙中，你一直默默无闻；在你那个宇宙中，你最后成了全世界的偶像。

看来，想要进行时间旅行，在理论上仅有的那么一丁点儿可能性就是制造虫洞。虫洞从本质上说就是时空的极度弯曲，要扭曲时空，就必须要有巨大的引力，产生引力就要有巨大的质量，而质量和能量又是可以互相转换的，所以归根到底要有巨大的能量。有一位叫加来道雄的物理学家曾经做了一个简单的计算，他说如果我们能把太阳一天放出的能量全部收集下来的话，可以打开一个只有几纳米大小的虫洞，这个虫洞最多只能允许你分解成的无数的原子通过后再在另外一头组装起来。而太阳一天放出的能量就够地球使用 10 万亿年，呜呼，看来真是难啊！

但你可能也会跟我一样想到这样一个问题，我们现在是没有能力制造时间机器，但是未来呢？如果在遥远的未来有人造出了时间机器，那么，那个人是不是就有可能乘坐时间机器回到现在或者以前的时代呢？但为什么我们从来没有见到这样的未来人呢？历史上也从未记载有未来人光临。假设未来无限远的话，假设时间机器确实可以造出来的话，那么即使概率再小，也应该有未来人回来了啊！有这个想

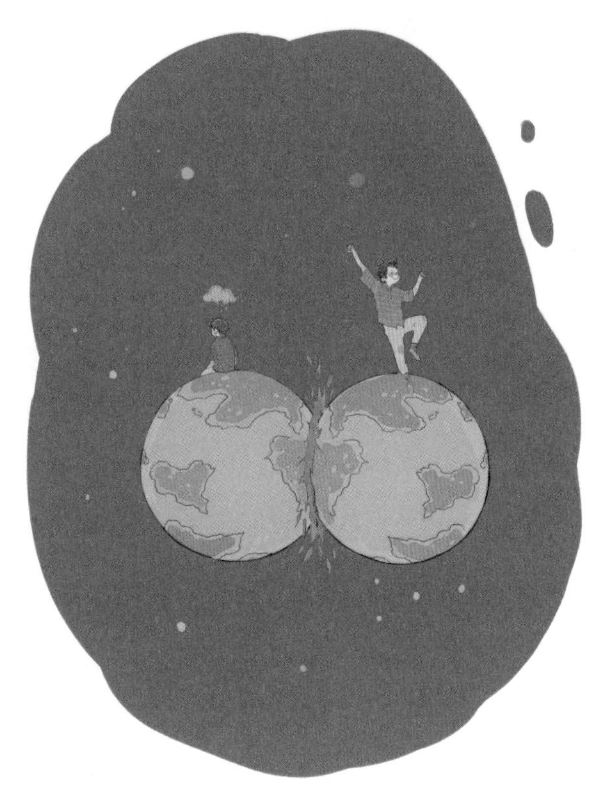

平行宇宙说的可能性

法的人还真不少呢。2005 年，为了庆祝国际物理年，同时也是为了庆祝相对论诞生 100 周年，美国麻省理工学院举办了一场“时间旅行者大会”。举办方郑重地在报纸上刊登广告，邀请未来的时间旅行者光临会场，并且携带未来的物品作为证据。大会开了一天，确实来了很多“旅行者”，可惜没有一个能让人相信他是“时间旅行者”。这些旅行者都辩称时间旅行只能光着屁股旅行，就像施瓦辛格扮演的终结者那样，所以他们没有信物。

你别笑，这还真是支持回到过去派遇到的大麻烦。为此，有些科学家就猜想，或许，回到过去最多只能回到时间机器制造出来的那一天，时间机器就相当于是一个路标，没有路标的时代就再也回不去了。

总之，是否能回到过去，这依然是一个科学谜题，我期待着，在我的有生之年，你用科学找到答案。在科学领域，像时间旅行这样的谜题还有很多很多，但你知道在当今科学界，最大的两个谜题是什么吗？我们下一章揭晓答案。

思考题

假如真能回到过去，你还能想出与本章提到的类似的逻辑矛盾吗？

时间旅行者大会门口，一个衣衫简陋、没有邀请函的人想混进去

第 9 章

暗物质和暗能量

黑暗双侠

在人类的基因中，有一种叫作好奇心的生物编码

《论语》中有一句话说“朝闻道，夕死可矣”，意思是早上明白了宇宙真理，晚上死去都不遗憾。在一部叫《朝闻道》（刘慈欣著）的科幻小说中，描写了很多科学家，他们愿意为一些科学问题的答案献出生命。

在人类的基因中，有一种叫作好奇心的生物编码，每个人都有，只是多少强弱的区别而已。有些人的好奇心已经强到可以为揭开谜底而放弃生命。而历史上，正是这样一群好奇心最强的科学家，把人类对宇宙规律的认识提升到了一个又一个崭新的高度，他们探索自然规律的最大动力，就来自好奇心的驱使。

我设想，如果刘慈欣小说中的场景真的出现在了地球上，我可以保证有很大一批天文学家、物理学家会愿意为了两个问题而放弃生命，这两个问题就是：暗物质是什么？暗能量是什么？

这是当今的科学界最大的两个谜题，它们被并称为“黑暗双侠”。谁要是能破解其中的任何一个谜题，都足以获得诺贝尔奖，取得与牛顿、爱因斯坦比肩的成就。这到底是什么样的两个谜题呢？

暗物质和暗能量是当今的科学界最大的两个谜题，它们被并称为“黑暗双侠”

暗物质之谜

为什么太阳系中所有的天体都会围绕着太阳旋转呢？就是因为太阳的质量比其他所有天体的质量都要大得多。万有引力的大小就与质量有关，两个物体的质量越大，离得越近，那么它们之间的万有引力就越大，反之则越小。地球之所以能绕着太阳一圈一圈地转，而不飞离太阳，就是因为太阳对地球的引力牢牢地吸住了地球，就好比链球运动员甩动链球时牢牢抓住了链子。如果松手，链球就飞出去了。

我们身处的银河系就像一个巨大的陀螺，所有的恒星都围绕着银河系的中心旋转

我们身处的银河系就像一个巨大的陀螺，所有的恒星都围绕着银河系的中心旋转。如果

没有万有引力，银河系就会分崩离析。这就好像我们用沙子做一个陀螺，把这个陀螺旋转起来，那么转速一快，沙陀螺肯定会散架，因为沙子与沙子之间的结合力不足以提供足够的强度。要想让沙陀螺不散架，就得拿胶水和在沙子里。在我们的银河系中，万有引力就是胶水，这个胶水的强度决定了陀螺的转速最高能到多少。

薇拉·鲁宾（Vera Rubin，1928—2016），美国天文学家，研究星系自转速度的先驱。其知名的研究工作是发现了实际观察的星系转速与原先理论的预测有出入，这个现象后来被称作星系自转问题

20 世纪六七十年代，美国有一位叫鲁宾的女天文学家，她用了 10 多年的时间，仔细测量了银河系的转动速度。结果，她惊讶地发现，我们的银河系似乎转得太快了。因为，把银河系中所有可以看见的物质全部算上，产生的万有引力也远远不够维持银河系转动所需要的结合力。这就好像是有一个小孩甩起了一辆卡车一样令人不可思议。唯一合理的解释就是，银河系中一定还存在着大量不发光的物质，而这些物质的质量总和要远远多于发光的物质。科学家们把这些看不见但有质量的物质叫作暗物质。

暗物质到底是什么东西呢？这个问题从 20 世纪末开始，吸引了越来越多的科学家去研究、探索、观测。

一开始，科学家们认为，这些物质应该就是黑洞。黑洞就是不发光，但是有质量的天体。问题是，这个假设很快就遇到了麻烦。因为，银河系缺少的质量实在太多了，如果这么多的质量都属于黑洞，那么银河系中就应该有非常多的黑洞。可是，天文学家们观测了几十年，也仅仅在银河系中

这就好像是小孩令人不可思议地甩起了一辆卡车。唯一合理的解释就是，银河系中一定还存在着大量不发光的暗物质

找到了十几个可能是黑洞的天体，实在少得可怜啊。看来，暗物质不是黑洞。

又有一些科学家怀疑，暗物质是飘浮在宇宙中的粒子，这些粒子每一颗都比针尖还要小几亿倍，但是它们的数量庞大，充满了宇宙中的每一个角落。如果真是这样，那么我们每一个人都是在暗物质构成的海洋中潜水。可是，暗物质不会发出任何光线，也几乎不与任何我们已知的物质发生作用。

为了寻找到这种微小的暗物质粒子，科学家们分成了两个探索方向。一个方向是上天，一个方向是入地。

上天，就是发射暗物质探测卫星，到宇宙中寻找。全世界有很多国家都发射了暗物质探测卫星，我国也不甘落后，在2015年成功发射了“悟空号”暗物质探测卫星。

入地就是到深深的地洞中寻找暗物质。为什么要下到地下呢？因为在深深的地下，厚厚的岩层挡住了人类已知的绝大多数粒子，这样就能在地下获得一个相对很纯净的空间，因而就更容易发现暗物质的蛛丝马迹。2012年，我国在四川的锦屏山建成了世界上岩石覆盖最深的暗物质实验室。

这几十年来，无数的科学家想尽了一切办法，上天入地寻找暗物质。就好像是一次大规模的、全世界科学家合作的犯罪现场调查，每一队科学家都领取一片搜索范围，然后一寸一寸地寻找罪犯留下的踪迹。

虽然到我写这本书时，我们还没有确定暗物质到底是什么，但是，相信在不远的将来，人类的科学家一定能揭开暗物质的秘密，让它显出真容。

我国在四川的锦屏山建成了世界上岩石覆盖最深的暗物质实验室

暗能量之谜

我已经讲过，宇宙正在膨胀，那么，宇宙是会一直膨胀下去，还是会慢慢停下来？20世纪的所有科学家一致认为，宇宙膨胀的速度会越来越慢，最终会停下来。为什么？还是因为万有引力的存在，所有天体都是互相吸引的，当然会把膨胀的速度一点点地拖慢嘛。这就好像你向上抛起一个球，这个球肯定是越飞越慢的，因为小球被地球的引力拉着嘛。

于是，当时的科学家们就想测量一下，宇宙从诞生到今天，膨胀的速度到底减慢了多少。当然，这是一个非常非常困难的任务。20世纪90年代，有两个各自独立的团队几乎同时向这个宇宙终极命题发起了冲击，其中一个团队由美国劳伦斯伯克利国家实验室的珀尔马特领衔，成员来自7个国家，总共31人，阵容强大；另一个团队则由哈佛大学的施密特领衔，也是一个由20多位来自世界各地的天文学家组成的豪华团队。这两个团队开始了暗中较劲，他们的目标一致，所采用的测量方法也几乎完全一样。

珀尔马特团队的计划叫作“超新星宇宙学计划”，而施密特团队的计划叫作“高红移超新星搜索队”，两个计划名称中都含有“超新星”一词，那是因为他们都是通过观测超新星来测量宇宙膨胀的速率变化。

两个研究团队并没有任何的交流，以保持各自数据的客观独立性。

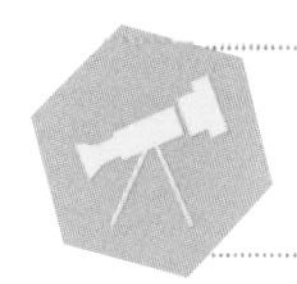

科学活动有一个重要的特征，就叫作独立性，即一个科学结论，任何人都可以独立地得到。

随着两个独立研究团队的工作推进，这两个团队都变得越来越惊讶。还记得吗？他们研究的初衷是为了测量宇宙膨胀的减速度。可是，观测数据积累得越多，他们的嘴却张得越大，因为，宇宙的膨胀模式似乎与他们预想的完全背道而驰。

经过 4 年多慎重的观测、复查、再次复查后，施密特领导的高红移超

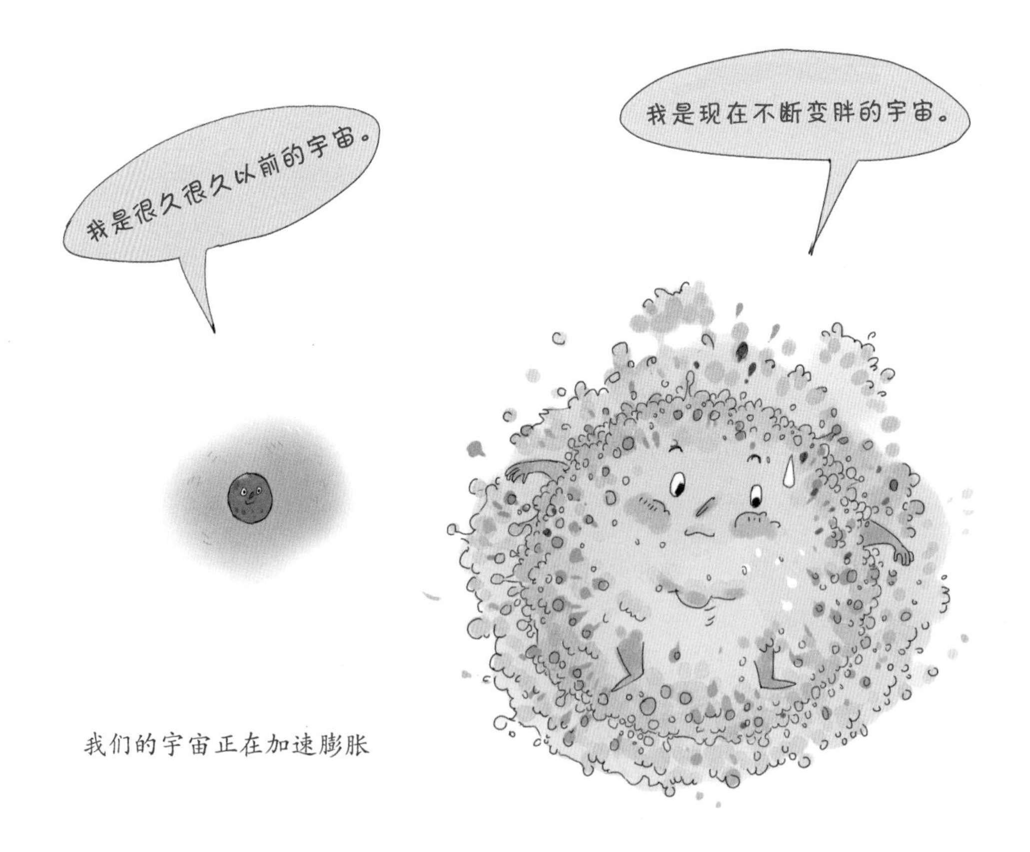

我们的宇宙正在加速膨胀

新星搜索队于 1998 年率先公布了他们的研究结果：我们的宇宙正在加速膨胀！到了 1999 年，珀尔马特的超新星宇宙学计划团队也公布了他们的研究结果，在完全独立工作的情况下，他们的研究结论与施密特团队的结论惊人地一致。

但是，在科学上有一个全世界都认同的原则，那就是特别惊人的观点需要特别惊人的证据，宇宙加速膨胀的这个观点足以惊动全世界，因此，尽管两个团队公布了所有的观测数据和他们的研究方法，但要让全世界的科学家们接受依然不够。在这之后，世界各地的天文学家们又进行了大量的独立观测、验证，到今天为止，宇宙加速膨胀已经成了一个经受住严苛检验的事实，被全世界的科学家们所接受。

这个事情马上就带来了一个巨大的困惑，就好比你如果向上抛起一个球，这个球不是越飞越慢，而是越飞越快，那你一定会想，一定有什么东西在推动它飞离地球，逃脱地心引力。而这个推动宇宙加速膨胀的力量就被科学家们叫作暗能量。

暗能量到底是怎么产生的呢？与暗物质一样，这个问题吸引了无数科学家的目光。有一些科学家认为，暗能量是相对论中的数学需要，就好像光速不变一样，是宇宙的一个基本公理。既然是公理，就无须问为什么，也不需要证明。但这种解释让另一部分科学家很不满意，因为人类有一种打破砂锅问到底的本能，凡事都希望能找到原因。

于是，科学家们又对暗能量提出了五花八门的解释，但是，所有这些解释，无一例外，都无法得到实验或者观测的检验。这是因为，虽然从宇宙的尺度来看，暗能量强大无比，但是从人类所掌握的实验器材和观测技术来说，暗能量又太微弱了。

暗能量的发现产生了一个让我们很焦虑的问题：宇宙会一直这么膨胀下去，永远停不下来，那么，很有可能几百亿年之后，所有的星星都远得

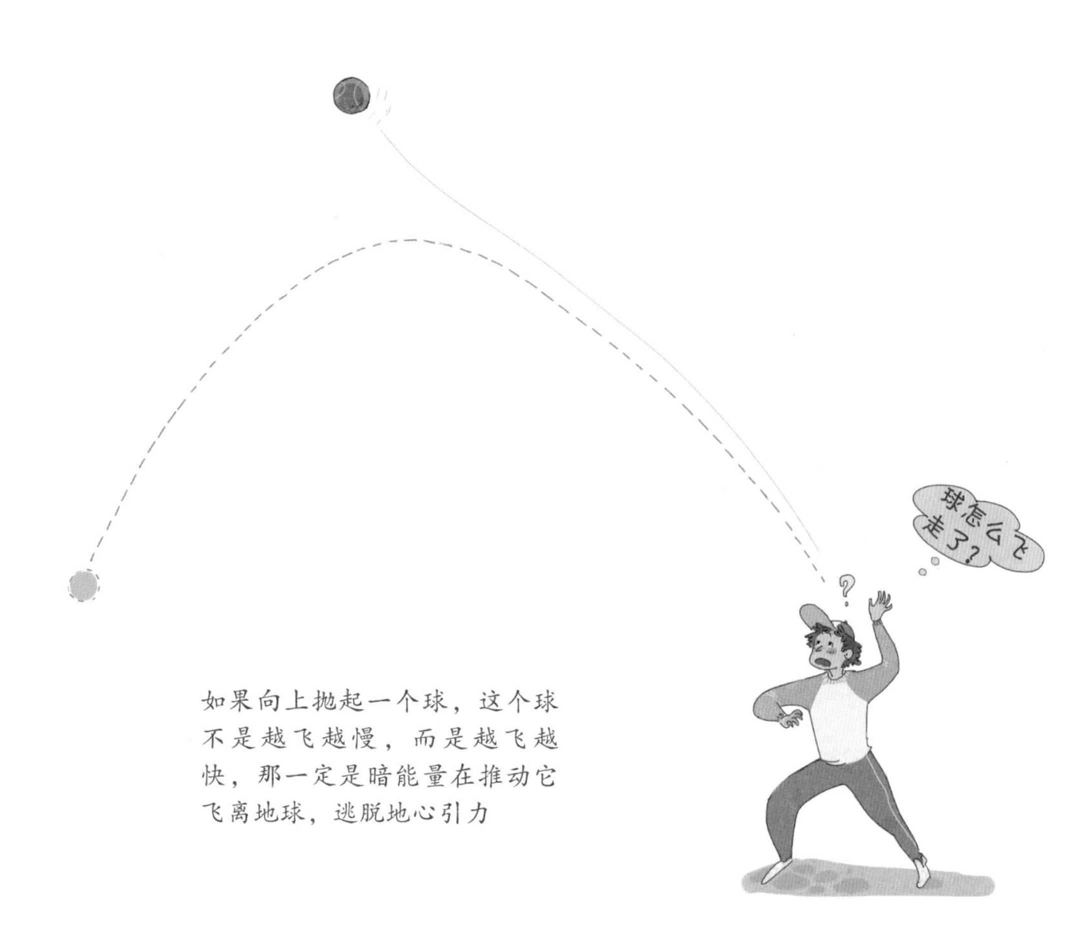

如果向上抛起一个球，这个球不是越飞越慢，而是越飞越快，那一定是暗能量在推动它飞离地球，逃脱地心引力

连看都看不见了，我们的夜空从此漆黑一片，再也没有了光明。

你可能会想，那么遥远的未来的事情，有什么好研究的？

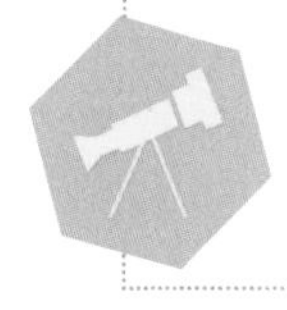

但我想说，好奇心驱动着人类文明的发展，正是这种纯粹为了满足好奇心的研究，才让我对人类这种伟大的智慧物种充满自豪感。

我们这种生活在银河系边缘的一颗毫不起眼的蓝色行星上的两足动物，在宇宙中，虽然渺小如尘埃，但我们的目光却投向了整个宇宙。

如果宇宙一直这么膨胀下去，很有可能几百亿年之后，所有的星星都远得连看都看不见了，我们的夜空从此漆黑一片

本书就要结束了，最后一章，我将带你们认识一个真正令人惊叹的宇宙！不论将来你成为什么样的人，你都不会忘记本次科学之旅带给你灵魂深处的震撼。

思考题

请你仔细想一想你从小到大学到的科学知识，然后写下最让你感到好奇的五个问题，发送到我的电子邮箱kexueshengyin@163.com，说不定能得到我的亲自解答哟。

第 10 章

令人惊叹的宇宙

太阳系有多大

这一章，我要带你感受宇宙之大。

不知道你是否乘坐过高铁动车组，这是我们能在陆地上体验到的最快速度。“复兴号”的速度大约是 400 千米 / 时，而民航客机的速度大约是 800 千米 / 时，比高铁的速度又快了 1 倍。但是，如果你有乘坐高铁和飞机的经验，或许你会觉得，坐在飞机上反而觉得不快。这是因为，我们感受到的速度来自参照物，在天上飞，参照物离我们往往很远。假如我们能让飞机贴着地面飞行，那你马上就能感受到飞机的风驰电掣了。

如果我们乘坐民航客机飞向月球，你会感到自己完全是静止的，因为我们大约要飞 20 天才能抵达月球。美国人在 1977 年发射的“旅行者 1 号”探测器是人类飞行速度最快的飞行器之一，它的速度是民航客机的 60 多倍，每小时可以飞 6 万多千米。如果乘上它，从地球出发 6 小时后就可以抵达月球了。

但是，这个速度放在宇宙中那简直就不好意思见人。例如，地球绕日公转的速度能达到 108000 千米 / 时。假如月亮固定在原地不动的话，地球以公转速度带着我们，不到 4 小时就可以飞到月球。不过，这与宇宙中最

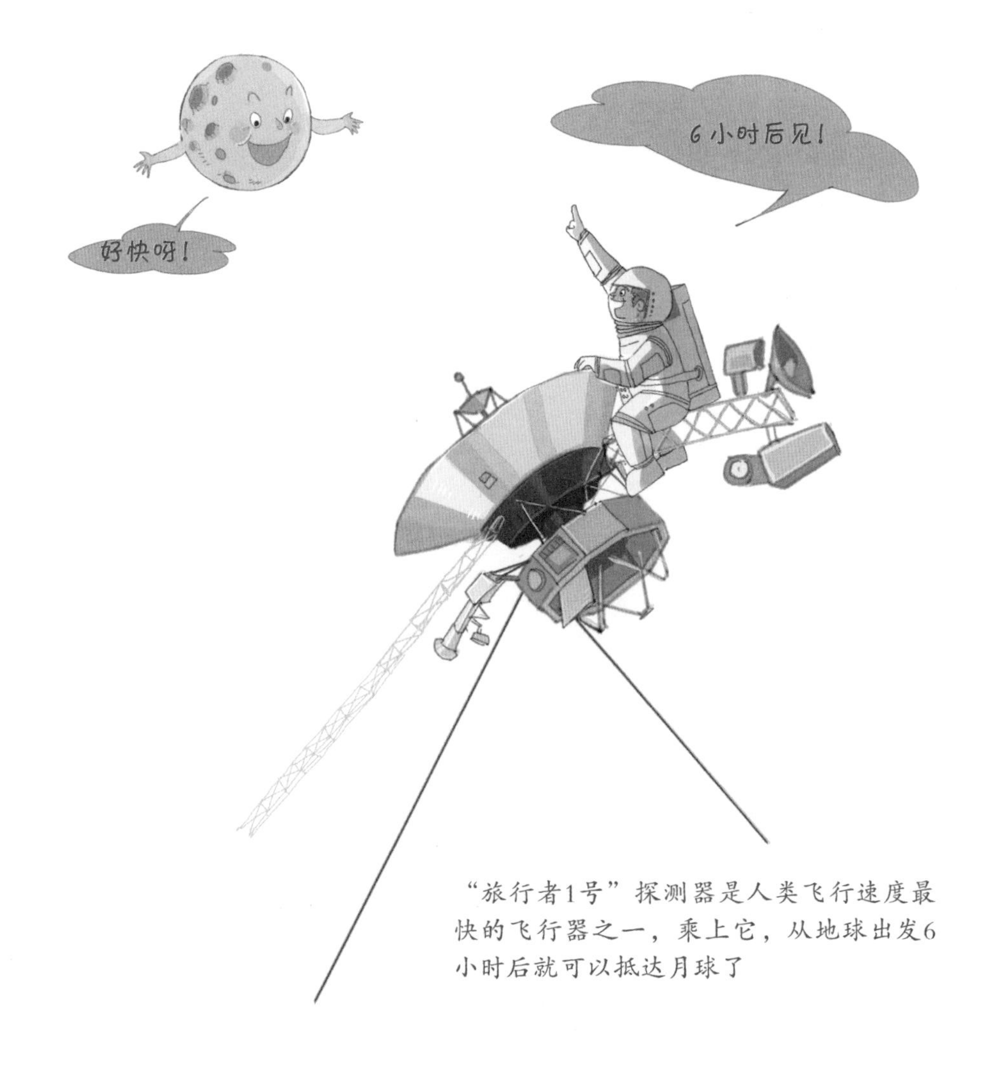

“旅行者1号”探测器是人类飞行速度最快的飞行器之一，乘上它，从地球出发6小时后就可以抵达月球了

快的速度比起来，就又不能算是运动了。如果我们以光速飞向月球，只需要 1 秒钟多一点儿。

从高铁到飞机，再到“旅行者 1 号”，这还是我们可以理解的速度。然而光速之快，已经超出了我们的正常理解能力。可是，我却想告诉你，真正超越我们想象的，其实是宇宙之大。

1977 年 9 月 5 日，“旅行者 1 号”探测器从美国的卡纳维拉尔角发射升空，它的第一站是木星。“旅行者 1 号”孤独地飞行了 18 个月才到达木星。在成功地考察了土星和它的卫星泰坦星之后，“旅行者 1 号”利用引力弹弓效应成功地借助土星再次加速，刚好超过了第三宇宙速度一点点。所以，它能摆脱太阳的引力，飞出太阳系。然而，这趟旅程远比你想象的还要漫长。就在你阅读本书的时候，“旅行者 1 号”正孤独地飞行在柯伊伯带的天体中，

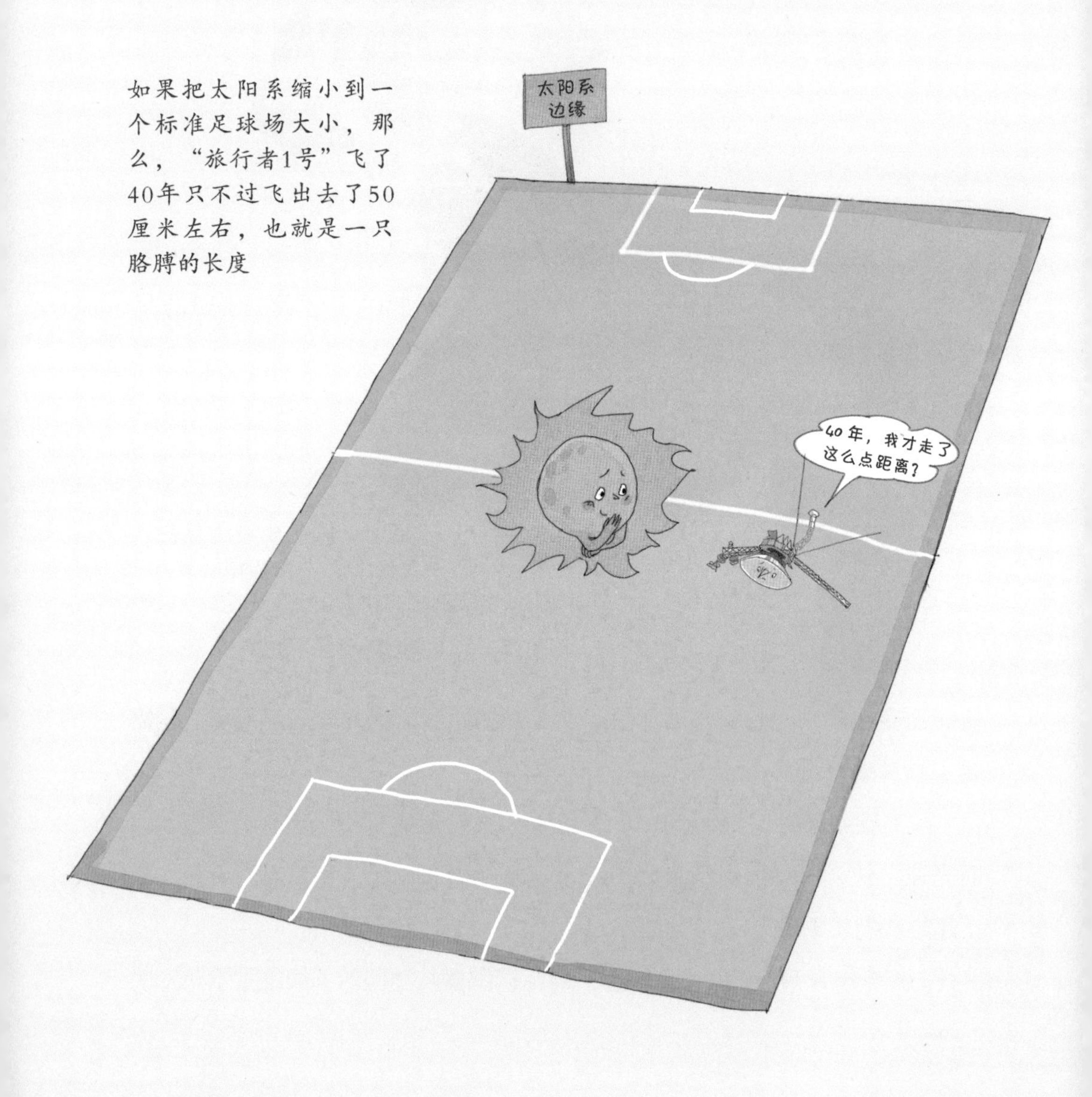

如果把太阳系缩小到一个标准足球场大小，那么，“旅行者1号”飞了40年只不过飞出去了50厘米左右，也就是一只胳膊的长度

它已经飞行了 40 多年。如果我们从它的位置回望太阳，太阳与其他恒星已经几乎无法区分，那里连太阳风都吹不到了。

但是，“旅行者 1 号”其实连太阳系的家门口也还没有迈出去。如果把太阳系缩小到一个标准足球场大小，那么，“旅行者 1 号”只不过飞出去了 50 厘米左右，也就是一只胳膊的长度。寒冷和黑暗是那里永恒的主题。“旅行者 1 号”在柯伊伯带继续飞行 7 年多，就会进入奥尔特云。奥尔特云包裹在太阳周围，由难以计数的微小天体构成。它们的数量或许能达到上万亿个，从更遥远的地方看去，就像包裹着太阳的云团。但是你不要被“奥尔特云”这个词误导，由于空间的巨大，如果你担心“旅行者 1 号”会撞上某个小天体的话，就如同担心全世界仅有的两只蚊子会相撞一般。“旅行者 1 号”在奥尔特云中还要飞三四万年，才能飞出太阳引力的控制范围，来到真正的恒星际空间。那时它就像风筝断了线，从此一头扎向浩瀚的银河系，再也不见踪影。

73600 年后，它才能经过离太阳系最近的一个恒星系——半人马座比邻星，那里就是科幻小说《三体》中的外星文明的所在地。坦白地说，7 万多年后，人类文明是否还存在都是个问题。

太阳只不过是银河系中最微不足道的一颗普通恒星。

银河系有多大

人类从抬头仰望星空的第一天起，就注意到了头顶的银河，那是一条横贯天际的光带。银河到底是什么呢?

面对壮观的银河，我们的祖先创造了许多神话。中国人认为银河是天上的一条大河，它隔开了牛郎和织女。西方人认为银河是神之子呛奶，奶水洒了一路。

如果没有望远镜，我们永远不可能知道银河的真相。1609 年，伟大的伽利略发明了第一台天文望远镜。千万不要小看了这个小小的圆筒，它彻底改变了人类的宇宙观。当伽利略将望远镜对准了银河，令他无比震惊的一幕出现了：他从原本以为是云气的光带中分辨出了一颗颗的恒星。

今天，我们已经可以借助巨大的天文望远镜看清银河的真相。2012 年 10 月，欧洲南方天文台发布了一张迄今为止最清晰的银河照片，它拍摄的是银河中心位置的一小块区域，包含了超过 8000 万颗恒星。假如乘坐“旅行者 1 号”从其中的任何一颗恒星飞向另一颗，都要飞几万年。

在宇宙中，由于空间的巨大，天文学家一般用光年来表示距离。1 光年就是光在 1 年中走过的距离，这段距离，“旅行者 1 号”需要飞将近 2 万

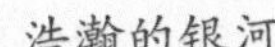

年，而民航客机则要飞 120 万年。假如我们现在以光速从银河系的中心出发，需要七八万年才能飞出银河系。

伟大的伽利略发明了第一台天文望远镜

今天，我们已经有了充分的证据表明：银河系是一个棒旋星系，中心厚，两边薄，直径约 15 万光年，中心厚度约 1.2 万光年。它包含了 2000 亿到 4000 亿颗恒星。而太阳系位于猎户旋臂上——是的，我们住在银河系的郊区。

银河系中的星星实在是太多了，多到以我们目前的观测水平，仍然数不清到底有多少颗恒星。我们随手抓一把沙子，大约可以抓起几亿粒沙子。2000 亿粒沙子大约可以装满一个大号的洗衣机。你把每一粒沙子都想成一个太阳，我们的银河系至少有这么多个太阳。

在伽利略之后的 300 多年中，人类一直认为银河系就是整个宇宙。90 多年前，我们才发现了河外星系。20 多年前，我们才基本看清了可观测宇宙的全貌。

宇宙有多大

大约 200 多年前，以赫歇尔为代表的天文学家们就发现了星空中有很多星云，当时的人们认为，这些是银河系中的发光气体云。直到 20 世纪 30 年代，美国的天文学家哈勃才终于用强有力的证据证明了仙女座大星云，距离地球至少几十万光年，远远超出了银河系的直径。而且，它根本不是气体云，它与银河系一样，也是由无数的恒星组成的一个星系。

直到此时，人类的天文学家才第一次知道，原来宇宙并不是只有银河系，银河系也只不过就像是茫茫大海中的一个岛屿，而我们只不过生活在这个岛屿上的一个普通恒星系中。在宇宙中，像银河系一样的岛屿还有很多很多，但到底是多少，天文学家们争论不休。

1990 年 4 月 24 日，另一个“哈勃”被“发现号”航天飞机送上了距离地球 559 千米的近地轨道空间中。它将揭示宇宙到底有多少个星系，也将永久地改变人类的宇宙观。1995 年 12 月 18 日，哈勃的镜头聚焦到了位于大熊座的一个黑区上，这片观测区域的大小相当于满月的十分之一，也就是你在 100 米开外看一个网球的大小，这仅仅是全天空两千四百万分之一的区域。在宇宙中穿行了 100 多亿年的光子一颗一颗落在了哈勃那极为

银河系在宇宙中，就像是茫茫大海中的一个岛屿，而我们只不过生活在这个岛屿中的一个普通恒星系中

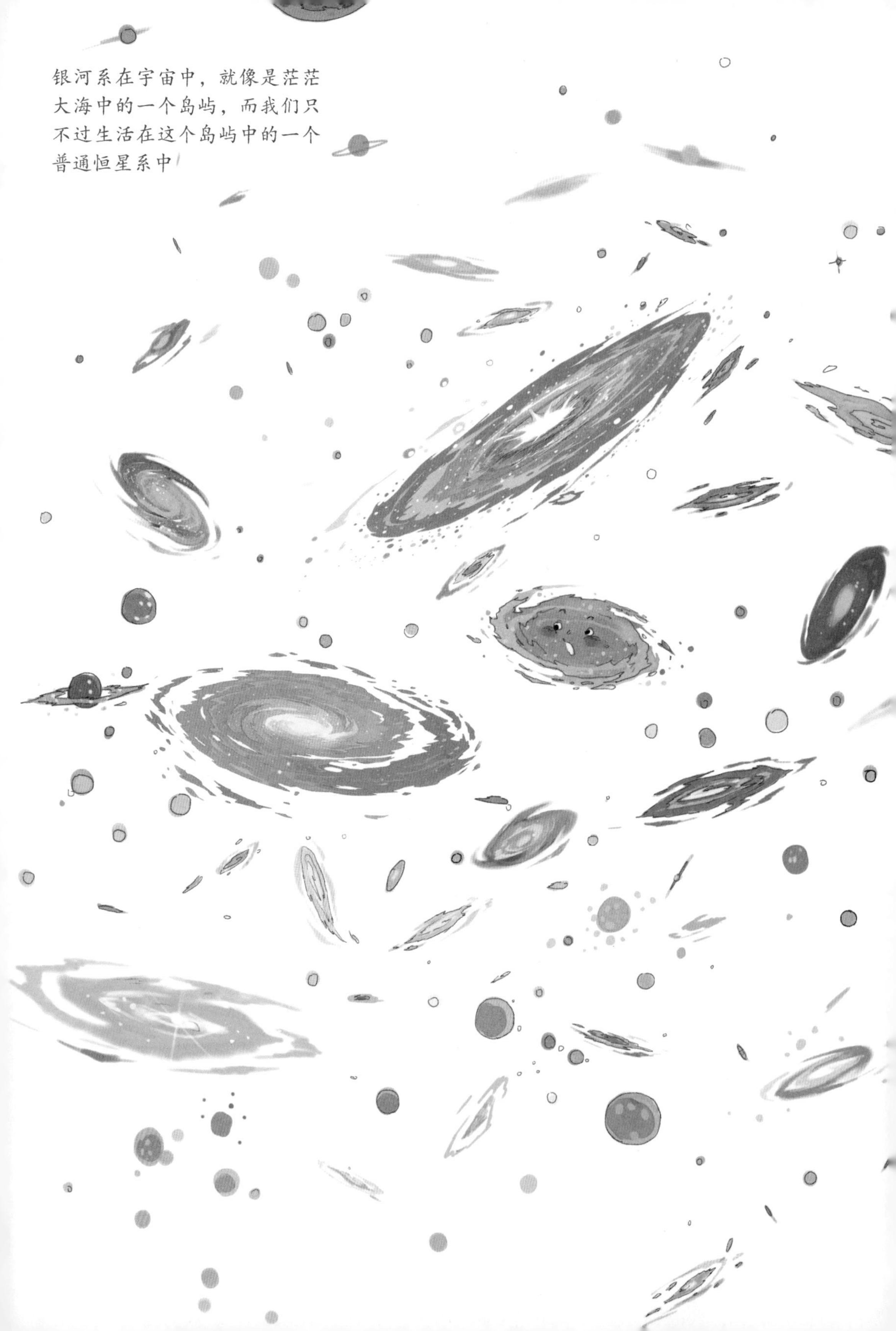

灵敏的感光元件上，11 天之后，342 次曝光最终合成的图像给人类的宇宙观带来了一次革命性的洗礼。

在这张被称为“哈勃深空场”的照片中，一共包含了 3000 多个星系。后来，哈勃又先后拍摄了“哈勃超深空场”和“哈勃极深空场”，在差不多同样大小的天区中，包含了超过 1 万个星系。我们的观测结果已经表明，全宇宙的星系分布是非常均匀的，这也就意味着，全宇宙中可以被我们看到的星系至少超过 1400 亿个。如果把这些星系中的每一个太阳都想象成

哈勃望远镜

一粒沙子，差不多相当于地球上所有的沙子的数量，包括沙漠中和海滩上你能找到的每一粒沙子。

在第 7 章中，我已经讲过，宇宙就像一个正在膨胀的气球。根据测得的宇宙膨胀速度，我们可以反推出宇宙的年龄。按照欧洲航天局普朗克卫星 2015 年公布的数据，科学家们计算出，宇宙的年龄大约是 138 亿岁（宇宙小同学说：我今年 138 亿岁啦）。

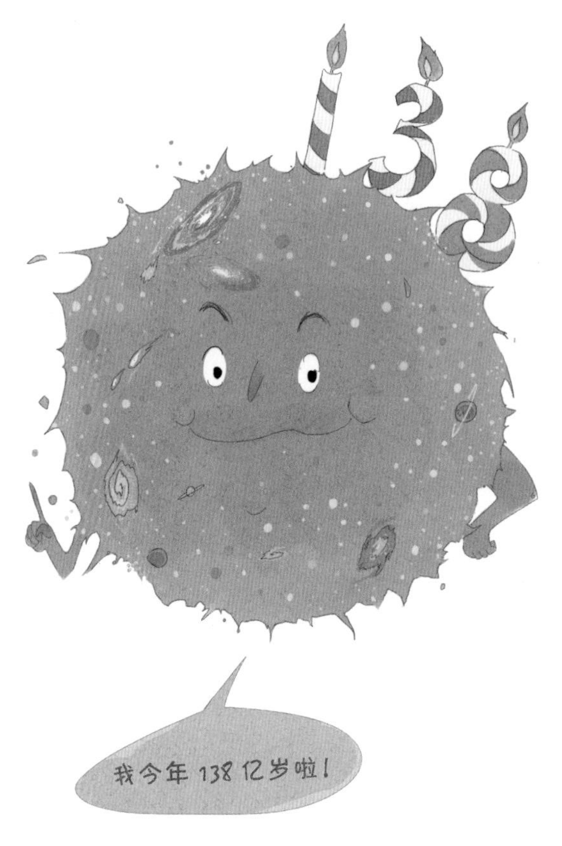

宇宙的年龄大约是 138 亿岁

也就是说，我们所能看到的最古老的光子不会超过 138 亿岁，计算这些最古老的光子走过的距离时要同时计算光速和宇宙膨胀速度，就好像我们在机场的自动人行步道上走路，计算走过的距离时要同时计算走路的速度和自动步道的速度。

根据这个原理，科学家们计算出，我们在地球上能够观察到的宇宙的最大半径是 460 亿光年，这被称为“可观测宇宙”。在这之外的宇宙并不是没有了星系，而是超出了我们的视界，我们目前还无法观测到。

比科学故事更重要的是科学精神

本次科学之旅即将结束了，我给你们讲了很多科学故事，也给你们讲了很多科学知识，可是，我却想告诉你们，比科学故事更重要的是科学精神。或许，过不了多久，你就会忘记在本书中看到的那些数字和知识点，这都没有关系，也很正常，没有人能记住所有的科学知识。但是，我希望你们能通过阅读掌握科学精神。

如果用一个最简短的句子来说明什么是科学精神，我可以这样回答你：

科学精神就是一种不找到真相不罢休的精神。

一切科学活动的最终目的都是发现自然运行的规律，而自然规律也可以看成是这个世界背后的真相。真相往往并不容易发现，我们很容易被自己的眼睛所欺骗。例如，在本书中，你已经看到，时间并不是像我们感觉的那样永恒不变的，而光的速度也与我们日常生活中感受到的速度完全不同。发现这些真相，靠的就是科学精神，用上帝、神仙来回答各种问题实际上是一种最偷懒的回答。例如，人是从哪里来的？答:上帝或者女娲造出来的。为什么会有风雨雷电？答：神仙弄出来的。这样的回答方式，看似可以解答一切问题，其实，什么问题也没有真正解答。

在我们这个世界中，还有许许多多的问题，科学暂时解答不了，但是，这并不意味着科学永远也解答不了。今天解答不了的问题，明天或许就能解答。重要的是，我们要坚持用证据还原真相，用科学理解世界。除了科学，没有其他什么学说能给出更好的回答。

下一本书，我将带你们从宏大的宇宙进入更加令人不可思议的微观世界。你会看到，在那些肉眼不可见的微观世界，与我们能感受到的宏观世界会是如此不同，我们日常生活中的一切经验，到了微观世界都不再适用。我会告诉你们很多很多科学暂时无法解答的现象，但是，你们也会看到，科学正带领着人类一点儿一点儿地逼近真相。

亲爱的读者们，咱们稍事休息，整装再出发！

要发现宇宙万物的真相，靠的不是上帝、神仙，靠的是科学精神

```
Velocity_Left = Counter_Left;  //记下每 10 ms 的转圈计数值,即相当于转速
Counter_Left = 0;  //左后轮转速计数器归零,进行下一周期计数
……;
}
```

至此,我们就得到了小车左后轮的相对转速。综合考虑编码器和电机的转速比、码盘辐条的根数、程序计数的方式,可以得到左后轮完整转一圈时,左后轮的转速 Velocity_Left=30 * 13 * 2=780。

3. 定点停车简单模型

定点停车是个比较常见的问题,在移动机器人应用场景里很常见。

本实验的定点停车具体要求如下:小车在指定位置启动,朝墙面行驶,在距离墙面 30 cm 的地方停下,编程实现小车的快速定点停车功能,整个过程追求误差小、耗时短。

定点停车的基本思想:周期性探测小车当前点和目标点之间的距离,调整小车的当前运行速度,实现在目标点准确停下,整个流程如图 E10.3 所示。

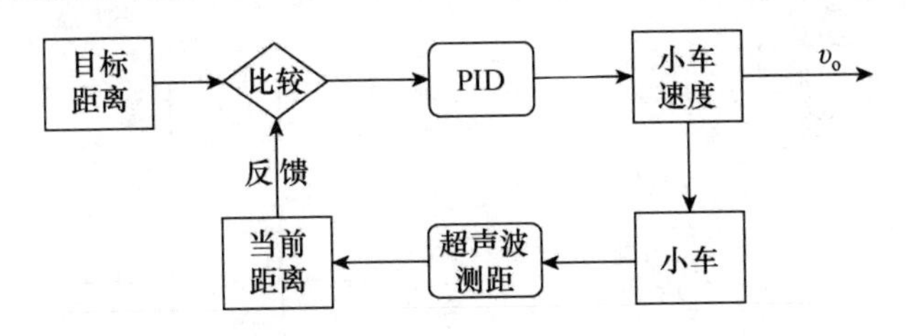

图 E10.3　定点停车简单流程图

这里涉及反馈的概念,小车的运行会改变其离墙距离,离墙距离的改变,又反过来影响小车的运行速度,从而构成一个闭环反馈系统。

反馈分正反馈和负反馈两种,一般情况下,负反馈系统是稳定的,正反馈系统是发散的,在不同的 PID 参数下,系统可以在正负反馈之间变换。为了保证环路是稳定的负反馈系统,需要合理分配 PID 各反馈系数的值,本实验中,为了简化,只需用到比例反馈 P 就可以。

如图 E10.4 所示,假如探测周期为 T,在第 n 个周期开始时,探测到当前小车离墙距离为 $D_o(n)$,与目标离墙距离 D_i 比较,得到差值 $D_o(n)-D_i$;然后根据这个差值设定小车速度,即 $v(n)=p[D_o(n)-D_i]$;运行一个周期 T 时间后,在下一个周期探测时,小车离墙距离变为 $D_o(n+1)=D_o(n)-Tp[D_o(n)-D_i]$。如此循环,直到 $D_o(n)-D_i=0$,这就是定点停车的简单编程算法。不同的 p 值,会影响定点停车的精度和速度。

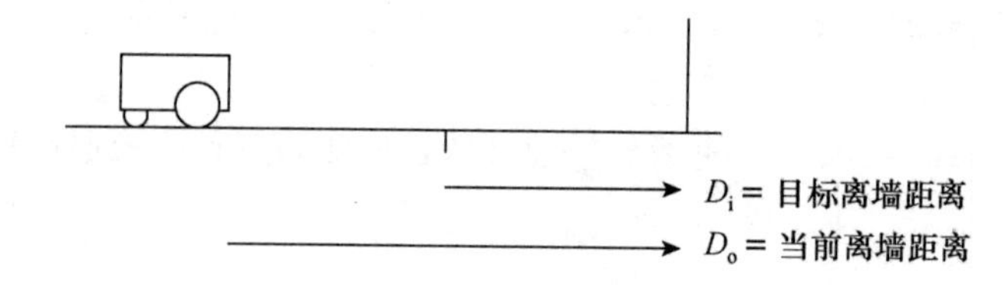

图 E10.4　小车定点停车示意图

反馈是控制论里的基本概念,尤其是负反馈,是很多系统稳定运行的基础。小到细胞层面的体液平衡,大到全球气候的自行调节,简单到自行车骑行,复杂到火箭运载,几乎所有系统的稳定运行都离不开反馈的作用。

4. 小车速度控制(选做)

前面提到小车后轮速度测量,接下来介绍小车的速度控制。

速度控制其实也是个反馈系统,如图 E10.5 所示,小车在运行时,通过编码器,周期性的测量车轮转速,得到当前速度 v_o(相对值),与目标速度值 v_i 比较,根据这个差值去控制车轮电机的驱动电压,实现小车速度的调节。其中的 PID 环节,表示对速度差值分别进行比例、积分和微分,然后再求和。

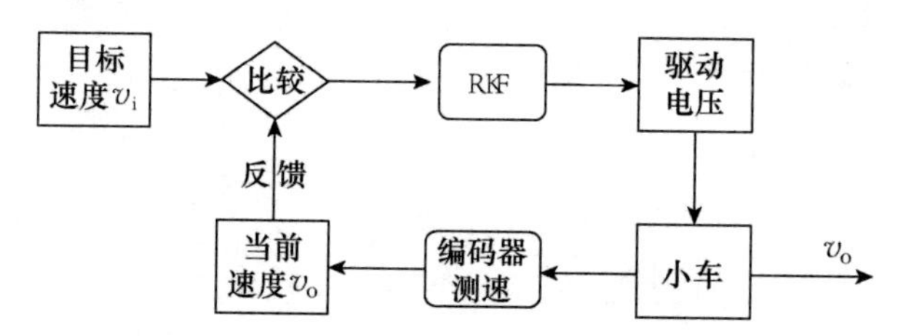

图 E10.5　小车速度闭环控制流程示意图

本实验中,小车的速度控制程序代码,已经给出,无须学生编写,只需会调用即可,下面给出左后轮速度控制程序,每 10 ms 调节一次左后轮电机的驱动电压,实现转速控制。

```
#include <MsTimer2.h>//头文件添加 MsTimer2 库函数
#include <PinChangeInt.h>  //头文件添加 PinChangeInt 库函数
volatilelong Counter_Left;  //全局变量,左后轮转速计数器
intVelocity_Left;  //全局变量,左后轮速度
void setup() {
……;
sei();  //系统函数,全局中断开启
attachPinChangeInterrupt(4, READ_ENCODER_L, CHANGE);  //开启外部
```

中断

```
MsTimer2::set(10, control);//使用 Timer2 设置 10 ms 定时中断
MsTimer2::start();//中断使能,每 10 ms 执行一次 control 函数
……;
}
voidloop() {
……;
}
void READ_ENCODER_L() {  //外部中断服务函数
……;
}
void control() {  //定时器中断服务函数
……;
Velocity_Left = Counter_Left;//记下每 10 ms 的转圈计数值,即相当于转速
Counter_Left = 0;//左后轮转速计数器归零,进行下一周期计数
MotorL = Incremental_PI_Left(Velocity_Left, TargetL);  //速度 PI 控制器,MotorL 为左后轮电机驱动电压,TargetL 为设定的目标转速
Driver(MotorR, MotorL);  //小车驱动函数
……;
}
//函数: Incremental_PI_Left (int Encoder, int Target)
//* 函数功能: 反馈调节车轮电机驱动电压,实现车轮转速控制 *//
//* 输入参量: 当前速度、目标速度 *//
//* * 输出参量: 车轮电机驱动电压 * *//
int Incremental_PI_Left (int Encoder, int Target)
{
  static float Bias_Left, Pwm_Left, Last_Bias_Left;
  Bias_Left = Encoder - Target;  //计算偏差
  Pwm_Left - = Velocity_KP * (Bias_Left - Last_Bias_Left) + Velocity_KI * Bias_Left; //增量式 PI 控制器
  Last_Bias_Left = Bias_Left;  //保存上一次偏差
  return Pwm_Left;  //增量输出
}
```

```
Driver(MotorR, MotorL) {
……;
}
```

五、实验内容

1. 小车速度测量与控制

(1) 把小车架起来,悬空4轮,找到本实验文件夹里的参考程序 VelocityTest.ino,理解程序架构,补充缺失代码 control()函数,测量两后轮电机驱动电压 MotorR,MotorL 和相对转速(10 ms 内) Velocity_Right, Velocity_Left 之间的关系曲线。

(2)(选做)尝试修改 VelocityTest.ino 程序,实现小车直行时的后轮转速控制,即设定一个相对转速,把两后轮的各自转速稳定到这个设定值上(可以参考 VelocityControl.ino 程序)。

2. 定点停车

编写程序,利用手机蓝牙发送指令,操控小车完成以下操作:小车在指定的地点启动并向墙行驶,开始计时,在离墙 30 cm 处停下,回传所耗时间,回传最终离墙距离。

可以参考本实验文件夹里提供的 WallFinder.ino 程序框架,完成所缺代码;也可以根据图 E10.3 和图 E10.4 所示的模型,自行编写程序,只要完成上述要求的操作即可,整个过程追求偏差小,速度快。

3. 沿墙直行(选做)

编写程序,操控小车完成以下操作:小车平放在离墙 30 cm 地方,启动,然后尽快实现离墙 20 cm,并继续直行,直到遇到障碍物时停止,直行途中,每 200 ms 回传一次离墙距离,整个过程依然追求偏差小,速度快,可以参考本实验文件夹里提供的 WallFollower.ino 程序。(注意,需要更改超声模块的位置,并且在电路板上需要更改相应的短路子。)